21 世纪高等院校规划教材

电工与电子技术综合训练
实习指导书

主　编　吴培刚

主　审　苑尚尊

中国水利水电出版社

www.waterpub.com.cn

内 容 提 要

本指导书是高等学校工程类非电专业电工与电子技术课程的实践环节的实习指导书，其目的是拓展学生知识面，提高学生综合素质和实践动手能力。

本指导书以培养应用型人才为特点，突出应用和技能的培养，扩大学生知识面。如常用电子元器件部分重点介绍各类元器件的识别和判断，电气特性和实际应用；电子线路的设计与制作基础部分介绍电子电路的设计方法和电磁干扰对整机的电气影响；元器件的安装与焊接工艺部分重点介绍电子产品焊接的工艺流程和焊接方法；半导体收音机部分介绍无线电基础知识和无线电广播系统，介绍超外差式调幅、调频收音机各功能部分作用和实现原理，最后介绍 HX108-2 AM 收音机和 HX203 AM/FM 调幅/调频收音机（集成电路）的安装、调试步骤和方法，特别是收音机系统三点统调原理和方法，并配有收音机各种故障现象和检查排除方法。另外，在实践教学中，可结合多媒体和录像进行教学，以增强教学的互动性，提高学生的学习效率。

本指导书理论联系实际强，叙述清楚，深入浅出，通俗易懂，图形符号和文字符号均采用新颁布的国家标准。

图书在版编目（CIP）数据

电工与电子技术综合训练实习指导书／吴培刚主编.

北京：中国水利水电出版社，2008（2021.8 重印）

21 世纪高等院校规划教材

ISBN 978-7-5084-5664-5

Ⅰ．电…　Ⅱ．吴…　Ⅲ．①电工技术—高等学校：技术学校—教学参考资料②电子技术—高等学校：技术学校—教学参考资料　Ⅳ．TM　TN

中国版本图书馆 CIP 数据核字（2008）第 106715 号

书　　　名	电工与电子技术综合训练实习指导书
作　　　者	主　编　吴培刚 主　审　苑尚尊
出 版 发 行	中国水利水电出版社 （北京市海淀区玉渊潭南路 1 号 D 座　100038） 网址：www.waterpub.com.cn E-mail：mchannel@263.net（万水） 　　　　sales@waterpub.com.cn 电话：（010）68367658（发行部）、82562819（万水）
经　　　售	北京科水图书销售中心（零售） 电话：（010）88383994、63202643、68545874 全国各地新华书店和相关出版物销售网点
排　　　版	北京万水电子信息有限公司
印　　　刷	三河市铭浩彩色印装有限公司
规　　　格	184mm×260mm　16 开本　6.75 印张　161 千字
版　　　次	2008 年 8 月第 1 版　2021 年 8 月第 5 次印刷
印　　　数	8001—9000 册
定　　　价	20.00 元

序

　　随着计算机科学与技术的飞速发展，计算机的应用已经渗透到国民经济与人们生活的各个角落，正在日益改变着传统的人类工作方式和生活方式。在我国高等教育逐步实现大众化后，越来越多的高等院校会面向国民经济发展的第一线，为行业、企业培养各级各类高级应用型专门人才。为了大力推广计算机应用技术，更好地适应当前我国高等教育的跨跃式发展，满足我国高等院校从精英教育向大众化教育的转变，符合社会对高等院校应用型人才培养的各类要求，我们成立了"21 世纪高等院校规划教材编委会"，在明确了高等院校应用型人才培养模式、培养目标、教学内容和课程体系的框架下，组织编写了本套"21世纪高等院校规划教材"。

　　众所周知，教材建设作为保证和提高教学质量的重要支柱及基础，作为体现教学内容和教学方法的知识载体，在当前培养应用型人才中的作用是显而易见的。探索和建设适应新世纪我国高等院校应用型人才培养体系需要的配套教材已经成为当前我国高等院校教学改革和教材建设工作面临的紧迫任务。因此，编委会经过大量的前期调研和策划，在广泛了解各高等院校的教学现状、市场需求，探讨课程设置、研究课程体系的基础上，组织一批具备较高的学术水平、丰富的教学经验、较强的工程实践能力的学术带头人、科研人员和主要从事该课程教学的骨干教师编写出一批有特色、适用性强的计算机类公共基础课、技术基础课、专业及应用技术课的教材以及相应的教学辅导书，以满足目前高等院校应用型人才培养的需要。本套教材消化和吸收了多年来已有的应用型人才培养的探索与实践成果，紧密结合经济全球化时代高等院校应用型人才培养工作的实际需要，努力实践，大胆创新。教材编写采用整体规划、分步实施、滚动立项的方式，分期分批地启动编写计划，编写大纲的确定以及教材风格的定位均经过编委会多次认真讨论，以确保该套教材的高质量和实用性。

　　教材编委会分析研究了应用型人才与研究型人才在培养目标、课程体系和内容编排上的区别，分别提出了 3 个层面上的要求：在专业基础类课程层面上，既要保持学科体系的完整性，使学生打下较为扎实的专业基础，为后续课程的学习做好铺垫，更要突出应用特色，理论联系实际，并与工程实践相结合，适当压缩过多过深的公式推导与原理性分析，兼顾考研学生的需要，以原理和公式结论的应用为突破口，注重它们的应用环境和方法；在程序设计类课程层面上，把握程序设计方法和思路，注重程序设计实践训练，引入典型的程序设计案例，将程序设计类课程的学习融入案例的研究和解决过程中，以学生实际编程解决问题的能力为突破口，注重程序设计算法的实现；在专业技术应用层面上，积极引入工程案例，以培养学生解决工程实际问题的能力为突破口，加大实践教学内容的比重，增加新技术、新知识、新工艺的内容。

　　本套规划教材的编写原则是：

　　在编写中重视基础，循序渐进，内容精炼，重点突出，融入学科方法论内容和科学理念，反映计算机技术发展要求，倡导理论联系实际和科学的思想方法，体现一级学科知识组织的层次结构。主要表现在：以计算机学科的科学体系为依托，明确目标定位，分类组织实施，兼容互补；理论与实践并重，强调理论与实践相结合，突出学科发展特点，体现学科发展的内在规律；教材内容循序渐进，保证学术深度，减少知识重复，前后相互呼应，内容编排合理，整体结构完整；采取自顶向下设计方法，内涵发展优先，突出学科方法论，强调知识体系可扩展的原则。

本套规划教材的主要特点是：

（1）面向应用型高等院校，在保证学科体系完整的基础上不过度强调理论的深度和难度，注重应用型人才的专业技能和工程实用技术的培养。在课程体系方面打破传统的研究型人才培养体系，根据社会经济发展对行业、企业的工程技术需要，建立新的课程体系，并在教材中反映出来。

（2）教材的理论知识包括了高等院校学生必须具备的科学、工程、技术等方面的要求，知识点不要求大而全，但一定要讲透，使学生真正掌握。同时注重理论知识与实践相结合，使学生通过实践深化对理论的理解，学会并掌握理论方法的实际运用。

（3）在教材中加大能力训练部分的比重，使学生比较熟练地应用计算机知识和技术解决实际问题，既注重培养学生分析问题的能力，也注重培养学生思考问题、解决问题的能力。

（4）教材采用"任务驱动"的编写方式，以实际问题引出相关原理和概念，在讲述实例的过程中将本章的知识点融入，通过分析归纳，介绍解决工程实际问题的思想和方法，然后进行概括总结，使教材内容层次清晰，脉络分明，可读性、可操作性强。同时，引入案例教学和启发式教学方法，便于激发学习兴趣。

（5）教材在内容编排上，力求由浅入深，循序渐进，举一反三，突出重点，通俗易懂。采用模块化结构，兼顾不同层次的需求，在具体授课时可根据各校的教学计划在内容上适当加以取舍。此外还注重了配套教材的编写，如课程学习辅导、实验指导、综合实训、课程设计指导等，注重多媒体的教学方式以及配套课件的制作。

（6）大部分教材配有电子教案，以使教材向多元化、多媒体化发展，满足广大教师进行多媒体教学的需要。电子教案用 PowerPoint 制作，教师可根据授课情况任意修改。相关教案的具体情况请到中国水利水电出版社网站 www.waterpub.com.cn 下载。此外还提供相关教材中所有程序的源代码，方便教师直接切换到系统环境中教学，提高教学效果。

总之，本套规划教材凝聚了众多长期在教学、科研一线工作的教师及科研人员的教学科研经验和智慧，内容新颖，结构完整，概念清晰，深入浅出，通俗易懂，可读性、可操作性和实用性强。本套规划教材适用于应用型高等院校各专业，也可作为本科院校举办的应用技术专业的课程教材，此外还可作为职业技术学院和民办高校、成人教育的教材以及从事工程应用的技术人员的自学参考资料。

我们感谢该套规划教材的各位作者为教材的出版所做出的贡献，也感谢中国水利水电出版社为选题、立项、编审所做出的努力。我们相信，随着我国高等教育的不断发展和高校教学改革的不断深入，具有示范性并适应应用型人才培养的精品课程教材必将进一步促进我国高等院校教学质量的提高。

我们期待广大读者对本套规划教材提出宝贵意见，以便进一步修订，使该套规划教材不断完善。

21 世纪高等院校规划教材编委会

2004 年 8 月

前　　言

　　本指导书是高等学校工程类非电专业电工与电子技术课程的实践环节的实习指导书，其目的是拓展学生知识面，提高学生综合素质和实践动手能力。

　　本指导书以培养应用型人才为特点，突出应用和技能的培养，扩大学生知识面。如常用电子元器件部分重点介绍各类元器件的识别和判断，电气特性和实际应用；电子线路的设计与制作基础部分简介电子电路的设计方法和电磁干扰对整机的电气影响；元器件的安装与焊接工艺部分重点介绍电子产品焊接的工艺流程和焊接方法；半导体收音机部分简介无线电基础知识和无线电广播系统，介绍超外差式调幅、调频收音机各功能部分作用和实现原理，最后介绍 HX108-2 AM 收音机和 HX203 AM/FM 调幅/调频收音机（集成电路）的安装、调试步骤和方法，特别是收音机系统三点统调原理和方法，并配有收音机各种故障现象和检查排除方法。另外，在实践教学中，可结合多媒体和录像进行教学，以增强教学的互动性，提高学生的学习效率。

　　本指导书理论联系实际强，叙述清楚，深入浅出，通俗易懂，图形符号和文字符号均采用新颁布的国家标准。

　　全书由吴培刚任主编，负责统稿修改，由苑尚尊副教授任主审，并提出宝贵意见和建议。具体分工为：第 1 章由聂玲编写，第 2 章由许弟建编写、第 3 章由吴培刚编写，第 4 章由张俊林编写。同时也得到了电工电子实验教学中心其他实验老师的大力支持和帮助，在此一并表示感谢。

　　由于编者水平有限，书中难免存在许多不足，敬请广大读者提出批评和改进意见。

编者

2008 年 4 月

目　　录

第 1 章　常用电子元器件

1.1　电阻器

电阻，英文名 Resistance，通常缩写为 R，它是导体的一种基本性质，与导体的尺寸、材料、温度有关。由欧姆定律，$I=U/R$，那么 $R=U/I$，电阻的基本单位是欧姆，用希腊字母 Ω 表示，它有这样的定义：导体上加上 1 伏特电压时，产生 1 安培电流所对应的阻值。电阻器是电子线路中最基本的元件之一。

1.1.1　电阻器的作用

电阻的主要功能就是阻碍电流流过。事实上，"电阻"说的是一种性质，而通常在电子产品中所指的电阻，是指电阻器这样一种元件。师傅对徒弟说："找一个 100 欧的电阻来!"，指的就是一个"电阻值"为 100 欧姆的电阻器，欧姆常简称为欧。表示电阻阻值的常用单位还有千欧（$k\Omega$），兆欧（$M\Omega$）。电阻在电路中用 R 加数字表示，如 R_{15} 表示编号为 15 的电阻。电阻在电路中的主要作用有分流、限流、分压、偏置、滤波（与电容器组合使用）和阻抗匹配等。

1.1.2　电阻器的种类

电阻器的种类通常分为 3 大类，即固定电阻、可变电阻、特种电阻。在电子产品中，以固定电阻应用最多。而固定电阻以其制造材料又可分为好多类，但常见的有 RT 型碳膜电阻、RJ 型金属膜电阻、RX 型线绕电阻，还有近年来开始广泛应用的片状电阻。其型号命名规律，R 代表电阻，T 代表碳膜，J 代表金属，X 代表绕线，是拼音的第一个字母。在国产老式的电子产品中，常可以看到外表涂覆绿漆的电阻，那就是 RT 型的；而红颜色的电阻，是 RJ 型的。一般老式电子产品中，以绿色的电阻居多，为什么呢？这涉及产品成本的问题，因为金属膜电阻虽然精度高、温度特性好，但制造成本也高，且碳膜电阻特别价廉，且能满足民用产品要求。

电阻器按其功率划分，一般约在 $1/8\sim2W$，最大可到 10W。常见的是 1/8W 的"色环碳膜电阻"，它是电子产品和电子制作中用得最多的。当然在一些微型产品中，会用到 1/16W 的电阻，它的个头小多了。再者就是微型片状电阻，它是贴片元件家族的一员，以前多见于进口微型产品中，现在电子爱好者也可以买到了，用来做无线窃听器等。

膜式（包括碳膜、金属膜等）电阻器阻值范围大，从几欧到几十兆欧，但功率不大；线绕式电阻器阻值范围小，从十分之几欧到几十千欧，但功率较大，最大可到几百瓦。

常用电阻器及其图形符号如图 1-1 所示。

1.1.3 电阻器型号命名方法

根据 GB2470-81 的规定，电阻器的型号由下列几部分组成：

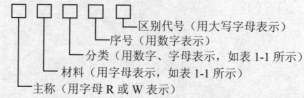

区别代号（用大写字母表示）
序号（用数字表示）
分类（用数字、字母表示，如表 1-1 所示）
材料（用字母表示，如表 1-1 所示）
主称（用字母 R 或 W 表示）

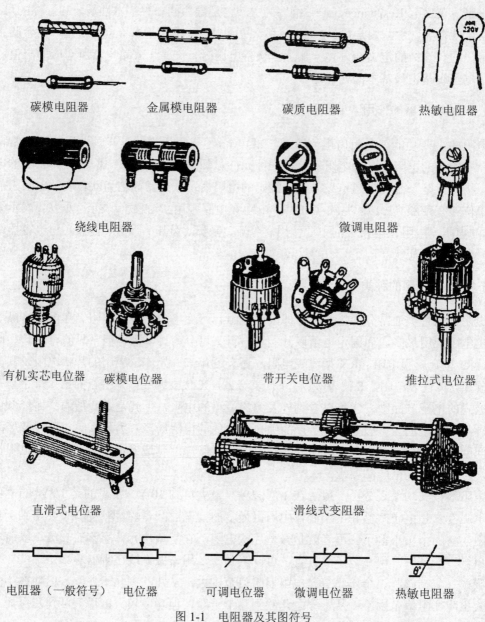

碳模电阻器　　　金属模电阻器　　　碳质电阻器　　　热敏电阻器

绕线电阻器　　　　　　　　　　微调电阻器

有机实芯电位器　碳模电位器　　　带开关电位器　　　推拉式电位器

直滑式电位器　　　　　　　　滑线式变阻器

电阻器（一般符号）　电位器　　　可调电位器　　　微调电位器　　　热敏电阻器

图 1-1　电阻器及其图符号

例如，RJ71——精密金属膜电阻器；WSW1A——微调有机实芯电位器。

表 1-1　电阻器的材料、分类代号及其意义

材料			分类				
代号	意义	数字代号	意义		字母代号	意义	
			电阻器	电位器		电阻器	电位器
T	碳膜	1	普通	普通	G	高功率	—
H	合成膜	2	普通	普通	T	可调	—
S	有机实芯	3	超高频	—	W	—	微调
N	无机实芯	4	高阻	—	D	—	多调
J	金属膜	5	高阻	—	说明：新型产品的分类根据发展情况予以补充		
Y	氧化膜	6	—	—			
C	沉积膜	7	精密	精密			
I	玻璃膜	8	高压	特种函数			
X	绕线	9	特殊	特殊			

敏感电阻器型号也由主称、材料、分类和序号等部分组成。主称用 M 表示，材料、分类部分意义如表 1-2 所示。

表 1-2　敏感电阻器的材料、分类及其意义

材料			分类			
字母代号	意义	数字代号	意义			
			负温度系数	正温度系数	光　敏	压　敏
F	负温度系数热材料	1	普　通	普　通		碳化硅
Z	正温度系数热材料	2	稳　压	稳　压		氧化锌
G	光敏材料	3	微　波			氧化锌
Y	压敏材料	4	旁　热		可　见	
S	湿敏材料	5	测　温	测　温	可　见	
C	碰敏材料	6	微　波		可　见	
L	力敏材料	7	测　温			
Q	气敏材料	8				

例如，MF41——旁热式负温度系数热敏电阻器。

1.1.4　电阻器的主要参数

电阻器的主要参数有标称阻值和偏差、标称功率、最高工作温度、极限工作电压、稳定性、噪声电动势、高频特性和温度特性等。要正确地选用、识别电阻器，就应了解它的主要参数，一般只考虑标称阻值、偏差和标称功率。

1．标称阻值和偏差

电阻上面都标有阻值，该值为电阻的标称值。阻值的范围很广，可从几欧到几十兆欧，但都必须符合阻值系列。电阻器的标称阻值应为表 1-3 中所列数的 10^n 倍，n 为整数。

表 1-3　电阻器标称阻值系列

系列	偏差	电阻的标称值
E24	Ⅰ级±5%	1.0；1.1；1.2；1.3；1.5；1.6；1.8；2.0；2.2；2.4；2.7；3.0；3.3；3.6；3.9；4.3；4.7；5.1；5.6；6.2；6.8；7.5；8.2；9.1
E12	Ⅱ级±10%	1.0；1.2；1.5；1.8；2.2；2.7；3.3；3.9；4.7；5.6；6.8；8.2
E6	Ⅲ级±20%	1.0；1.5；2.2；3.3；4.7；6.8

以 E6 中 4.7 为例，电阻器的标称值可为 0.47Ω；4.7Ω；47Ω；470Ω；4.7kΩ；47kΩ。

精密电阻器的标称阻值系列除 E24 外，还有 E48、E96、E192 等系列。

实际上，电阻器的实际阻值与标称阻值不完全相符，它们存在着误差（也称偏差）。电阻值允许偏差的标志符号如表 1-4 所示。

表 1-4　阻值偏差标志符号规定

对称偏差标志符号				不对称偏差标志符号	
允许误差（%）	标志符号	允许误差（%）	标志符号	允许误差（%）	标志符号
±0.001	E	±0.5	D	+100	R
±0.002	X	±1	F	-10	
±0.005	Y	±2	G	+50	S
±0.01	H	±5	J	-20	
±0.02	U	±10	K	+30	Z
±0.05	W	±20	M	-20	
±0.1	B	±30	N	+不规定	不标记
±0.2	C			-20	

设计电路时，若计算出的电阻值不是标称阻值时，可选择与之相近的标称阻值。

电阻器的标称阻值和偏差都标在电阻体上，其标志方法有以下几种：

（1）直标法。直标法是指在产品表面直接标出产品的主要参数和技术性能的标志方法。主要参数和技术性能的有效值用阿拉伯数字和文字符号标出。

例如，图 1-2 所示的电阻器，其阻值为 5.1kΩ，偏差为Ⅰ级，即±5％。

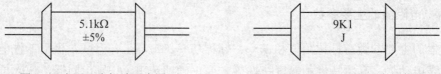

5.1kΩ
±5%

9K1
J

图 1-2　电阻器直标法示意图　　　　图 1-3　电阻器文字符号法示意图

（2）文字符号法。文字符号法是将需要标志的主要参数与技术性能用文字、数字符号有规律地组合标志在产品表面上的方法。用 R 代表 100，K 代表 10^3，M 代表 10^6，G 代表 10^9，T 代表 10^{12}。

电阻器标称电阻的文字符号及其组合的一般规定是：阻值的整数部分写在单位标志等号的前面，小数部分写在单位标志符号的后面。

例如，图 1-3 所示的 9K1 表示阻值为 9.1kΩ，偏差为 ±5％；又如，R33 表示 0.33Ω，5R1 表示 5.1Ω，2G2 表示 2200MΩ 等。

（3）色环标注法。色环标注法使用最多，常见的有四环电阻和五环电阻（精密电阻）。

对于直接标注的电阻，在新买来的时候，很容易识别规格。可是在装配电子产品的时候，必须考虑到为以后检修的方便，把标注面朝向易于看到的地方。所以在弯脚的时候，要特别注意。在手工装配时，多这一道工序，不是什么大问题，但是自动生产线上的机器没有那么聪明。而且，电阻器元件越做越小，直接标注的标记难以看清。因此，国际上惯用"色环标注法"。事实上，"色环电阻"占据电阻器元件的主流地位。"色环电阻"顾名思义，就是在电阻器上用不同颜色的环来表示电阻的规格。有的是用 4 个色环表示，有的用 5 个色环表示。四环电阻一般是碳膜电阻，用 3 个色环表示阻值，用 1 个色环表示误差。五环电阻一般是金属膜电阻，为更好地表示精度，用 4 个色环表示阻值，另一个色环也是表示误差。如表 1-5 所示。

表 1-5 电阻的色标位置和倍率关系

色环标志	颜色	I	II	III	倍率	允许误差
	黑	0	0	0	10^0	
	棕	1	1	1	10^1	±1%
	红	2	2	2	10^2	±2%
	橙	3	3	3	10^3	
	黄	4	4	4	10^4	
	绿	5	5	5	10^5	±0.5%
	兰	6	6	6		±0.25%
	紫	7	7	7		±0.1%
	灰	8	8	8		
	白	9	9	9		
	金				10^{-1}	±5%
	银				10^{-2}	±10%

色环电阻的规则是最后一圈代表误差，对于四环电阻，前二环代表有效值，第三环代表乘上的次方数。记住颜色和数码就行，其他的不用记。有一个秘诀：面对一个色环电阻，找出金色或银色的一端，并将它朝下，从头开始读色环。例如图 1-4 中所示的标称阻值为 27000Ω，允许偏差为±5%。精密电阻用五条色环表示阻值和偏差，它的前三条为有效数字，第四条为乘数，第五条为允许偏差。例如图 1-5 中所示的标称阻值为 33200Ω，允许偏差为±1%。

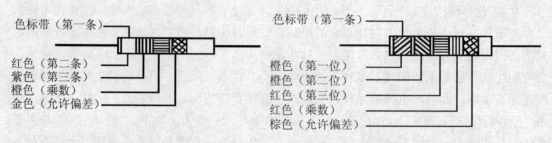

图 1-4　两位有效数字色环表示法　　　　图 1-5　三位有效数字色环表示法

（4）数码表示法。在产品上用三位数码表示元件标称值的方法称为数码表示法（数码法）。

数码从左到右，第一、二位为有效数字，第三位为乘数即零的个数，单位为 Ω，偏差通常采用文字符号表示。

例如，222J 表示电阻器为 2.2 kΩ，偏差为±5%；103K 表示电阻器为 10 kΩ，偏差为±10%。

2. 电阻器的额定功率

电阻器的额定功率是指电阻器在直流或交流电路中，当大气压力为 86~106kPa，在产品标准中规定的温度下，长期连续负荷所允许消耗的最大功率。

电阻器额定功率系列应符合表 1-6 中的规定。

表 1-6　电阻器额定功率系列（单位：W）

绕线电阻器的额定功率系列	非绕线电阻器的额定功率系列
0.05；0.125；0.25；0.5；1；2；4；8；10；16；25；40；50；75；100；150；500	0.05；0.125；0.25；0.5；1；2；5；10；25；50；100

小于 1W 的电阻器在电路中常不标出额定功率符号；大于 1W 的电阻器都用数字加单位表示，如 25W。

在电路图中，表示电阻额定功率的图形符号如图 1-6 所示。

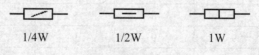

1/4W　　　　　1/2W　　　　　1W

图 1-6　电阻额定功率符号

3. 电阻器的温度系数

电阻器的电阻值随温度的变化而略有改变。温度每变化一度所引起电阻值的相对变化称为电阻的温度系数。温度系数愈大，电阻的稳定性就愈差。

　　电阻温度系数有正也有负，在一些电路中，电阻器的这一特性被用来做温度补偿。

　　热敏电阻器的阻值是随着环境和电路工作温度的变化而变化。它有两种类型：一为正温度系数型，另一为负温度系数型。热敏电阻可在电路中做温度补偿及测量或调节温度。

1.1.5　使用时应注意的问题

　　（1）电阻要固定焊接在印制线路板或管座脚下，较大功率的线绕电阻应用螺钉或支架固定起来，以防因振动而折断引线或造成短路，损坏设备，电阻的标志应尽量朝一个方向或朝上，以便于检查。

　　（2）电阻引线需要弯曲时，不应从根部打弯，这样做容易使引线折断或造成两端金属帽松脱，接触不良；正确的方法是应从根部留出一定距离（≥3mm）。用尖嘴钳或镊子夹住引线根部，将引线弯成所需的角度，焊接电阻时动作要快，不要使电阻长时间受热。

　　（3）电阻在存放使用过程中，注意不要互相碰撞摩擦，否则漆膜脱落后，电阻防潮性能降低，容易使导电层损坏，引起电阻失效。

1.1.6　阻值测量

　　使用电阻器时，首先应检查其性能，即用万用表的电阻档测量实际阻值，看它是否与标称值相符，误差是否在允许误差范围之内。

$$允许偏差 = \frac{R_{实测值} - R_{标称值}}{R_{标称值}} \times 100\%$$

　　测量时要注意人手不要碰电阻的两端或接触表笔的金属部分，否则会引起测量误差。当万用表测出的电阻值接近标称值时，就可以认为该电阻器的质量基本上是好的；反之，如果两值相差太大，那么该电阻就是坏的。

1.1.7　电阻器的质量判别与选用

1．电阻器的质量判别方法

　　一般是用外观检查法或万用表测量法。外观检查时，看电阻引线是否折断或表面漆皮是否脱落。如果在电路中，可检查电阻器是否烧焦等。用万用表检查时，主要测量它的阻值及误差是否在标称值范围内。在测量时，可用手轻轻摇动引线，看其是否有松动现象。若有松动，则表针将不会稳定。如果要对电阻器进行较精密的测量，则应使用专用测试设备来进行。

2．电阻器的选用方法

　　（1）根据电路要求选择合适型号的电阻器。例如金属膜电阻 RJ，体积小、精度高、温度系数小，它被广泛应用于无线电路中；压敏、气敏、湿敏、光敏等电阻器，对于电压、各种气体、温度和光具有一定的敏感性，可以在自动化技术和保护电路中使用。

　　（2）根据体积大小选择合适型号的电阻器。有些无线电产品，如半导体收音机，若采用碳膜电阻，则体积太大，所以就采用性能较好、体积小的金属膜电阻。

（3）从经济角度选择合适的电阻器，不应片面追求高精度要求的型号产品，只要能满足电路要求，能节省的应尽量节省。

（4）从实际承受的功率来选用合适的电阻器。电功率大的电阻器，虽然温度升高时保险系数大，不易发热或烧毁，但是体积增大，价格增加，所以划不来。一般选用的电阻器的额定功率是该电阻实际功率的 1.5～2 倍。

（5）从结构方式选用电阻器。电阻器的引线有径向式、轴向式及其他方式，应考虑安装方便，选择合适引线方式的电阻器。

1.1.8　电位器

电位器的种类很多，它们的基本结构均由电阻体、滑动臂、转轴、外壳和焊片构成，如图 1-7 所示。按电阻体所用材料不同可分为碳膜、金属膜、绕线、有机实芯和碳质实芯等类型的电位器；按结构不同可分为单联、双联和多联电位器，带开关电位器，锁紧和非锁紧电位器等；按调节方式可分为旋转式和直滑式电位器。

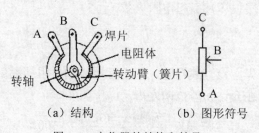

（a）结构　　　　　　　（b）图形符号

图 1-7　电位器的结构和符号

电位器的主要用途是在电路中作分压器或变阻器，用作电压电流的调节，在收音机中作音量、音调控制，在电视机中作音量、亮度和对比度控制等。

电位器质量在使用前也应进行判别。首先测量一下阻值，即 AC 两端片之间的电阻值，与标称阻值比较，看二者是否一致；然后再测量其中心端与电阻体的接触情况，方法是使万用表欧姆档处于适当的量程，测量过程中，慢慢旋转转轴，注意观察万用表指针，在正常的情况下，指针应平稳地朝一个方向偏转，若出现跳动、跌落或不通等现象，说明滑动触头与电阻体接触不良；对带开关的电位器，还应检查开关部分是否良好，当开关断开或接通时，应发出明显而清脆的响声，若将万用表置于 R*1Ω 档，测量开关 S 接通或断开时表针应分别指向 0 或无穷大。

思考题：

1. 电阻器在电路中起什么作用？

2. 电阻器有哪些种类？

3. 电阻器的主要参数有哪些？

4. 电阻器标志的方法有哪些？假若一个电阻器的色环依次是绿、棕、红、银，用万用表测得其阻值为 4.7kΩ，问该电阻器的质量如何？

5. 如何选用电阻器？

6. 电阻器是如何命名的？

1.2 电容器

1.2.1 电容器的作用和类别

电容器是组成电路的基本元件之一，是一种储能元件，在电路中起隔直、旁路和耦合等作用。

电容器可分为固定式和可变式两大类。可变电容器又有可变和半可变（包括微调电容器）两类，其介质材料有空气和固体等。

固定式电容器按介质材料分有空气（或真空）、云母、瓷介、纸介（包括金属化纸介）、薄膜（包括聚苯乙烯、涤纶等）、玻璃釉、漆膜和电解等多种电容器；按其外形分有筒形、管形、立式矩形和圆片形等。常用电容器及图形符号如图 1-8 所示。

1.2.2 电容器型号命名方法

按 BG2691-81 的规定，电容器型号由下列几部分组成：

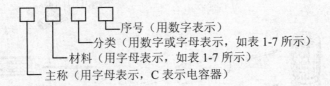

序号（用数字表示）
分类（用数字或字母表示，如表 1-7 所示）
材料（用字母表示，如表 1-7 所示）
主称（用字母表示，C 表示电容器）

表中规定对可变电容器和真空电容器不适用，对微调电容器仅适用于瓷介类。在某些电容器的型号中还用 X 表示小型，M 表示密封，也有的用序号来区分电容器的形式、结构和外形尺寸等。详细内容可参考有关技术标准。

1.2.3 电容器的主要参数

1. 标称容量和偏差

无机介质电容器（瓷介电容器、玻璃釉电容器和云母电容器等）和高频（无机性）有机薄膜介质电容器的标称容量和电阻器采用的 E24、E12、E6 系列相同。当标称容量小于 10pF 时，允许偏差有 ±0.2pF、±0.4pF 和 ±1pF 三种。大于 4.7pF 时，其标称容量采用 E24 系列；小于或等于 4.7pF 时，其标称容量用 E12 系列；允许偏差为 $^{+100}_{-20}$%、$^{\text{不规定}}_{-20}$% 的电容，其标称容量采用 E6 系列。

纸介电容器、金属化纸介电容器、纸膜复合介质电容器及低频（极性）有机薄膜介质电容器的允许偏差为 ±5%、±10%、±20%。容量范围在 100pF～1μF 时，标称容量采用 1.0、1.5、2.2、3.3、4.7、6.8 系列；当标称容量范围在 1μF～100μF 时，采用 1、2、4、6、8、10、15、20、30、50、60、80、100 系列。

电解电容器（铝、钽、铌、钛）的标称容量有 1、1.5、（1）、2.2、（3）、3.3、4.7、（5）、6.8 系列，括号里的数值在新设计产品时不允许采用。其允许偏差为±10%、±20%。

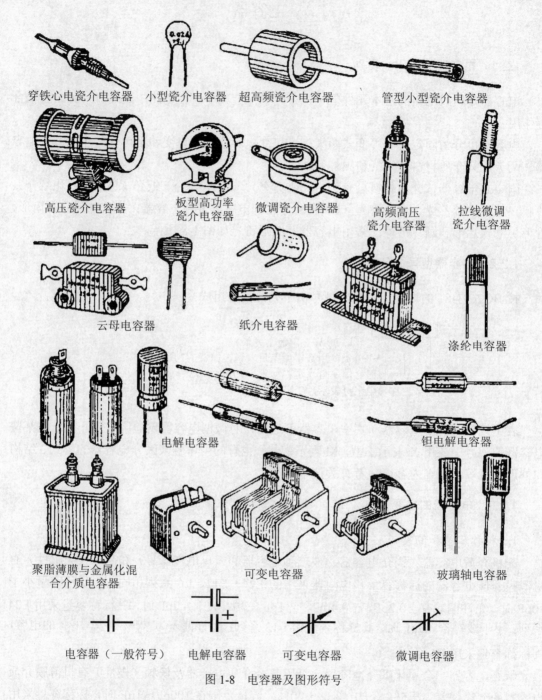

穿铁心电瓷介电容器　　小型瓷介电容器　　超高频瓷介电容器　　管型小型瓷介电容器

高压瓷介电容器　　板型高功率瓷介电容器　　微调瓷介电容器　　高频高压瓷介电容器　　拉线微调瓷介电容器

云母电容器　　纸介电容器　　涤纶电容器

电解电容器　　钽电解电容器

聚脂薄膜与金属化混合介质电容器　　可变电容器　　玻璃轴电容器

电容器（一般符号）　　电解电容器　　可变电容器　　微调电容器

图 1-8　电容器及图形符号

电容器的标称容量和偏差一般都标在电容体上，其标志方法可为以下几种：

（1）直标法。这种标法是将标称容量及偏差值直接标在电容体上。例如，图 1-9 所示的单层密封金属化纸介电容器，其型号为 CZJD，0.22μF 表示标称容量，±10% 表示偏差。

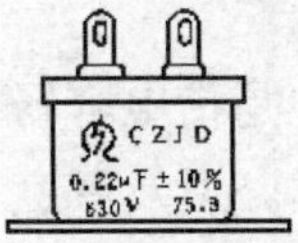

图 1-9   电容器直标法示意图

有时数字不是带小数点的整数，则容量单位为 pF。如 2200 表示 2200 pF，6800 表示 6800pF。

若数字带小数点，测容量单位为 μF。如 0.047 表示 0.047μF，0.01 表示 0.01μF。

表 1-7   电容器型号中数字和字母代号的意义

材料				分类						
代号	意义	代号	意义	数字代号	意义				字母代号	意义
					瓷介	云母	有机	电解		
C	高频瓷	Q	漆　膜	1	园片	非密封	非密封	箔式	G	高功率
T	低频瓷	H	复合介质	2	管形	非密封	非密封	箔式	W	微　调
I	玻璃釉	D	铝电解质	3	叠形	密封	密封	烧结粉液体		
O	玻璃膜	A	钽电解质	4	独石	密封	密封	烧结粉固体		
Y	云　母	N	铌电解质	5	穿心		穿心			
V	云母纸	G	合金电解质	6	支柱等					
Z	纸　介	L	涤纶等极性有机薄膜	7				无极性		说明：新型产品的分类根据发展情况予以补充
J	金属化纸			8	高压	高压	高压			
B	聚苯乙烯等非极性有机薄膜	LS	聚碳酸脂极性有机薄膜	9			特殊	特殊		
BF	聚四氯乙烯非极性有机薄膜	E	其他材料电解质							

例如，CCW1——圆片形微调瓷介电容器；CT2——管形低频瓷介电容器。

（2）文字符号法。将容量的整数部分写在单位标志符号的前面，小数部分写在单位标志的后面。例如，0.47pF 写成 P47，2.2pF 写成 2P2；1000pF 写成 1n。电容器允许偏差标志符号与电阻器采用的符号相同。10pF 以下的电容器的绝对偏差标志符号相同。10pF 以下的电容器，绝对偏差±0.1pF，其标志符号用 B 标志，±0.2pF 用 C 标志，±0.5pF 用 D 标志，±1pF 用 F 标志。

（3）色标法。与电阻器的色标方法相同，标志的颜色也相同，单位为 pF，顺序是沿电容的引线方向。电解电容器的工作电压有时也采用颜色标志，其中棕色代表 6.3V，红色代表 10V，灰色代表 16V，色点应标在正极。

（4）数码法。与电阻器相同，不过它的第三位数为"9"表示 10^{-1}，在 μF 容量中，小数点可用 R 表示。例如，339K 表示 3.3pF±10%，R47K 表示 0.47μF±10%。

2. 耐压

电容器的耐压就是额定工作电压，是指电容器在电路中能长期可靠工作而不被击穿时所能承受的最大直流电压，该数值与其介质及厚度有关。

此外，电容器的质量参数还有介质损耗、绝缘电阻和温度系数等，使用时应加以考虑。

1.2.4 电容器的质量判别与选用

1. 电容器的质量判别

电容器的常见故障有短路、断路、漏电和失效等，在使用前必须认真检查，正确判别。

（1）漏电判别。根据电容器容量的大小，适当选择 Ω 档量程（R×10kΩ），两表笔分别接触电容器的两根引线，表针应顺时针方向摆动，然后逆时针慢慢向 R=∞ 处退回（容量越大摆动的幅度也越大），表针静止时的指示值就是被测电容的漏电电阻，此值越大，电容器的绝缘性能就越好，质量好的电容器漏电电阻很大，在几百兆欧以上。判别时不能用手并接在被测电容的两端，否则将影响判断结果。在测量过程中，静止时表针距∞处较远或表针退回到 R=∞ 处后又顺时针摆动，都表明电容器漏电严重。

（2）电容器断路判别。测量时表针不动，对调表笔后也不动，表针总指在 R=∞ 处，表明该电容器内部已断路。（对于 0.01μF 以下的小容量电容器，用万用表判断不出其是否断路）。

（3）电容器短路判别。测量时若表针指示的值很小甚至为 0，而且表针不再退回来，表明电容器已被击穿短路，不能使用。

（4）电解电容器极性判别。在正负极性无法辨认的情况下，可根据正向连接漏电阻大，反向连接漏电阻小的特点分别测出电容正反向时的漏电电阻，比较结果，其中漏电阻值大的一次，黑表笔所接的是电解电容的正极。

2. 电容器的选用原则

（1）根据电路的特点选用不同介质的电容器。

（2）根据工作电压的不同选择不同耐压的电容器。

（3）根据频率要求选用不同容量的电容器。

（4）根据安装方式选择不同引线结构的电容器。

值得注意的是，电解电容器即使不用，放置久了也会损坏。

1.3 电感器

电感一般由线圈构成，故它又称为电感线圈。电感器有固定、可变、微调、色码、平面和集成等类型。

1.3.1 线圈

1. 线圈的作用和类别

线圈在交流电路里可起阻流、降压、交连和负载作用，它和电容器配合，还可用于调谐、滤波、选频、分频和退耦等。

在实际应用中，线圈是由绕组、骨架和芯子组成。它的种类很多，绕组形式有单层和多层之分；单层又有间绕和密绕两种形式，多层绕组又有分层平绕、乱绕、蜂房式等多种形式。

线圈按用途分有高频阻流、低频阻流、调谐线圈、退耦线圈、提升线圈和稳频线圈等。常用电感线圈的外形和符号如图 1-10 所示。

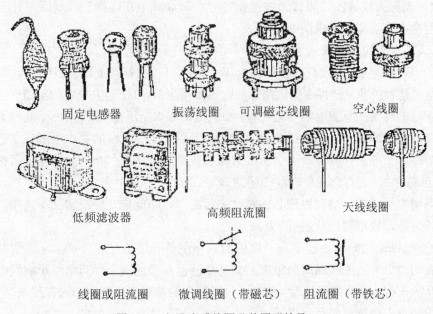

固定电感器 振荡线圈 可调磁芯线圈 空心线圈

低频滤波器 高频阻流圈 天线线圈

线圈或阻流圈 微调线圈（带磁芯） 阻流圈（带铁芯）

图 1-10 部分电感线圈及其图形符号

2. 主要性能指标

线圈的主要性能指标有电感量、固有电容、品质因数、额定电流和稳定性等。

3. 几种常用的电感线圈

（1）小型固定电感线圈。小型固定电感线圈有卧式（LG1 型）和立式（LG2 型）两种，此电感具有体积小、重量轻、结构牢固、防潮性能好、安装方便等优点，常用于滤波、扼流振流、延迟和陷波等电子线路中。部分固定电感器的型号及性能如表 1-8 所示。

表 1-8 固定电感器型号及性能

符号	外形尺寸系列	电流组别	电感量范围
LG1、LGX 型（卧式）	Φ5，Φ6，Φ8，Φ10，Φ15	A 组（50mA）	10μH～10mH
		B 组（150mA）	100μH～10mH
		C 组（300mA）	1μH～1mH
		E 组（1600mA）	0.1μH～560μH
LG400（立式）	Φ13	D 组（700mA）	10μH～820μH
HLG402（立式）	Φ9	A 组（50mA）	10μH～820μH
LG404（立式）	Φ5，Φ8，Φ18	A 组（50mA）	10μH～82MH
		D 组（700mA）	10μH～820μH

（2）平面电感。平面电感是用薄膜电路或厚膜电路技术在绝缘（陶瓷、玻璃）基片上制出金属平面螺栓丝构成。具有体积小、电感量大的特点以及较好的稳定性和可靠性。

（3）中周线圈。中周线圈由绕在磁芯上的两个彼此不相连的线圈组成。连接前一级电路的线圈为初级，连接后一级电路的线圈为次级，它可以通过旋转磁芯来调节线圈的电感量，可调范围一般在±10%之间。

（4）高频天线线圈。磁棒天线线圈就是一种高频天线线圈，该线圈用作天线输入，若配以可变电容器即可组成调谐电路。

4. 线圈质量的判别及注意事项

（1）质量判别。在没有仪器的情况下，首先可以从外观上检查线圈表面有无发霉现象、引出线是否折断或锈蚀。如无问题，则用万用表 R×1Ω 档去量它的阻值。按照资料或用已知完好的线圈的直流电阻与之比较。如果电阻根本量不出（即电阻∞，此时表针不动），则说明线圈内部断线；若测出线圈的阻值比原定阻值或好线圈的要小得多或零值，则说明内部有短路。另外，还应看线圈引出线与铁芯或金属屏蔽罩间是否短路或电阻很小（此时用 R×10kΩ 档）。若有此现象，则说明绝缘不好。

对可调电感线圈，要观察磁芯的螺纹是否配合，即旋转要轻松但又不滑扣。

此外，还可以用替换法进行。

（2）线圈使用时的注意事项。线圈的规格型号必须符合设计要求，装配时不要随便改变线圈的位置方向或线圈间的距离。尤其要注意高频线圈，因为这将影响线圈原来的电感量或互相干扰，影响整机特性。例如，收音机中的高频扼流线圈的磁棒线圈位置要适当，输入线圈和输出线圈要相互垂直等。

1.3.2 变压器

1. 变压器的种类

变压器是变换电压、电流和阻抗的器件，变压器的种类很多，常见的部分变压器外形及型号如图 1-11 所示。

2. 常用变压器及用途

（1）低频变压器。低频变压器又分为音频变压器和电源变压器，它是变换电压或作阻抗匹配的元件。低阻话筒的输入变压器、收音机功率放大级与扬声器间的输出变压器等都是作阻抗匹配用的；定阻输出的扩音机与扬声器之间的线间变压器是用于线路阻抗匹配的；电源变压器适用于变换交流电压。自耦变压器也是低频变压器的一种，如有的地区交流电压波动大，便可用自耦变压器来调节，使输出电压升高或降低，以达到额定电压值，所以自耦变压器也叫调压器。

（2）中频变压器。中频变压器也叫中周变压器，是超外差接收机中的重要元件。中频变压器的频率从几百 kHz 到几十 MHz。例如，调幅式接收机的中频频率为 465kHz，而调频式接收机中的频率为 10.7MHz。中频变压器在电路中起选频和耦合作用。谐振频率的调整方式有调容式和调感式两种。目前多采用调感式。

（3）高频变压器。收音机的天线线圈和振荡线圈都属于高频变压器，因为用于高频电路，电感量可做得小，所以多为空心的，也有铁氧体芯的。这种变压器也叫耦合线圈或调谐线圈。

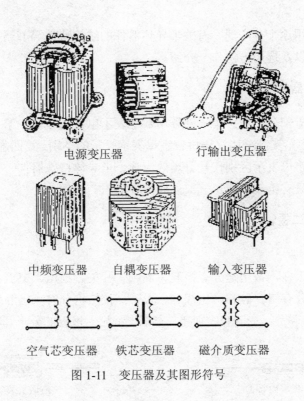

电源变压器　　　　　　行输出变压器

中频变压器　　自耦变压器　　输入变压器

空气芯变压器　　铁芯变压器　　磁介质变压器

图 1-11　变压器及其图形符号

3. 主要参数

（1）变比 n。

$$n = \frac{N_2（次级绕组匝数）}{N_1（初级绕组匝数）}$$

（2）效率 η。在额定负载时

$$\eta = \frac{P_2（输出功率）}{P_1（输入功率）} \times 100\%$$

4. 质量好坏的判别

（1）直观检查。根据变压器的外表有无异常情况推断其质量好坏。例如，观察变压器线圈外层绝缘介质颜色变黑的情况，有无炭化现象或因跳火燃烧而造成的焦化，推断变压器的功率大小，有无击穿短路故障；另外，通过观察还可直接发现各线圈出线头有无断线情况、铁芯插装及紧固情况等。

（2）绝缘检查。用摇表。

（3）线圈通断检查。检查时应用精确度较高的欧姆表进行，若测得阻值远大于正常值，说明线圈接触不良或有断路故障；反之，若测得值远小于正常值或为零，则说明线圈有短路现象。

1.4　半导体器件

半导体器件的用途十分广泛，有关半导体器件的结构特性等书籍很多，这里主要就它的型号、质量判别以及选用方法作一介绍。

1.4.1　半导体器件的型号

半导体器件由五部分组成：第一部分用数字表示电极的数目；第二部分用汉语拼音字母表示材料和极性；第三部分用汉语拼音字母表示管子的类别；第四部分用数字表示序号；第五部分汉语拼音字母表示区别代号。场效应管、半导体特殊器件、复合管、PIN 型管、激光器件等的型号只有第三、四、五部分而没有第一、二部分。

1.4.2　半导体二极管

1.　二极管的种类

二极管的种类很多，按用途分有检波、混频、开关、稳压、整流、光电、发光和变容等二极管；按材料分有锗、硅和砷化镓等二极管；按结构分有点接触型和面接触型等二极管；按工作原理分有隧道、变容和雪崩等二极管。常见二极管的外形和符号如图 1-12 所示。

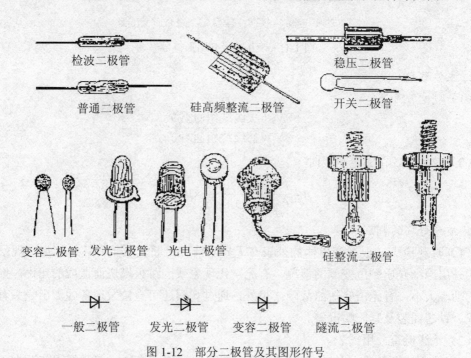

图 1-12　部分二极管及其图形符号

2.　二极管的主要技术参数

二极管的主要参数有最大允许电流和最高反向工作电压等。

3. 二极管的简易测量（判别）

用万用表测量二极管时，通常用 R×100Ω 或 R×1kΩ 档进行。

（1）二极管好坏判别。常用方法是测试二极管的正反向电阻，然后加以判断，正向电阻越小越好。若正反向电阻皆无穷大，则表示内部断线；若正反向电阻皆为 0，则表示 PN 结击穿短路。此外，正反向电阻一样大也表示二极管是坏的。

（2）极性判别。通过测量正反向电阻可以判断二极管的极性，如图 1-13 所示。正向时黑表笔所接是二极管的阳极，红表笔所接是二极管的阴极，如图 1-13（a）所示。

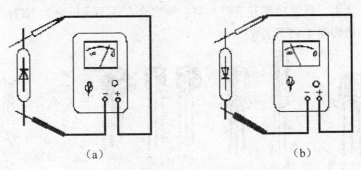

（a）　　　　　　　　　　　　　（b）

图 1-13　二极管的测试

（3）发光二极管检测。发光二极管的正向压降通常是 1.5～2.3V，因此可以用双表法即两台万用表串联来检测，万用表均拨到 R×1Ω 档，如图 1-14 所示。若被测的发光二极管发光，则说明该管是正常的；否则管子是坏的。

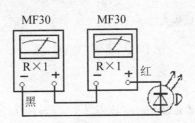

图 1-14　用表检查发光二极管

（4）稳压二极管的检测。用万用表的 R×10kΩ 档可以测量稳压管的稳定电压，前提是电源电压要大于稳定电压 U_W。$U_W = E_g R_x /(R_x + n R_0)$，其中 E_g 为万用表电池电压，R_x 为实测电阻，n 为档次倍率（这里是 10^4），R_0 为万用表中心电阻（表盘上那条不均匀的电阻刻度中心所指的数值）。

如果 R_x 非常大（接近 ∞），则表示 $U_W > E_g$，无法使稳压管击穿；如果 R_x 极小，则是表笔接反了，对调一下即可。

4. 二极管的选用

在设计和选用二极管时，要考虑它的工作电流、工作频率、反向饱和电流和最高反向工作电压等参数是否符合电路要求。

另外，还要根据电路的用途、要求选择不同功能的二极管。实际使用时要根据晶体管手册，结合各种二极管的功能和特性参数，合理地选用和解决互换代用的问题。

1.4.3　半导体三极管

1. 三极管的分类

三极管是电子电路中的重要元件，它可以组成多种高低频放大电路、振荡电路，广泛地应用在收音机、扩音机、录音机、电视机和其他各种半导体电路中。

三极管的种类很多，按材料可分为硅管和锗管；按工艺结构可分为点接触型、面接触型和平面型等；从应用的角度来分，可分为低频小功率、低频大功率、高频小功率、微波低噪声、微波大功率、高速功率开关等类型；按组合方式不同可分为 NPN 和 PNP 两种。部分三极管的外形如图 1-15 所示。

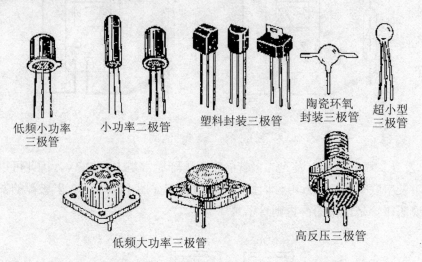

低频小功率　　小功率二极管　　塑料封装三极管　陶瓷环氧　　超小型
三极管　　　　　　　　　　　　　　　　　封装三极管　三极管

低频大功率三极管　　　　　高反压三极管

图 1-15　部分三极管外型

2. 三极管的主要参数

三极管的主要参数有 β、I_{CBO} 和 I_{CEO} 以及 I_{CM}、P_{CM}、$U_{(BR)CEO}$ 等。

3. 三极管极性和性能判别

（1）极性判别。极性判别方法有两种：一是根据手册上管脚排列的标记来识别；另一种是用万用表判别。

第一种方法详见有关资料，需要指出的是，三极管的管脚排列有一定的规律性，如图 1-16 所示的是部分常见三极管电极排列顺序，供同学们使用时参考。

如果管子上的标记不清或记不住各种类型的管脚标记，最有效的办法是用万用表来判别管子的极性，这是机电专业在维修电工技能考试中必考内容，应熟练掌握。

1）先判断基极及管子类型。测试时用黑表笔接任一管脚，红表笔分别与另两脚相接，测量其阻值，若阻值一大一小，则应把黑表笔所接的管脚换一个，再继续进行测试直到两个阻值均很小（或很大），则黑表笔所指的就是基极，管子为 NPN（或 PNP）型。

2）再判断集电极和发射极。假定余下的两脚中的一个极为集电极，对 NPN 型三极管应将黑表笔接假定的集电极，红表笔接发射极，用手捏住基极与假定的集电极，记录指针偏转位置；把假设反过来再进行一次，也记录指针偏转位置。比较两次结果，偏转大的（即读数小的）那次假定是正确的，黑表笔所接的即为 C 极，红表笔所接即为 E 极。如图 1-17（a）、（b）所示，图（a）为 NPN 型三极管假设正确的（属正确的放大）情况，图（b）为 NPN 型三极管假设错误的情况。对 PNP 型三极管则应将黑表笔接发射极，红表笔接集电极，用手捏住基极与假定的集电极，记录指针偏转位置；把假设反过来再进行一次，也记录指针偏转位置。比较两次结果，偏转大的（即读数小的）那次假定是正确的，此时，黑表笔所接的即为 E 极，红表笔所接即为 C 极。如图 1-17（c）、（d）所示，图（c）为 PNP 型三极管假设正确的（属正确的放大）情况，图（d）为 PNP 型三极管假设错误的情况。

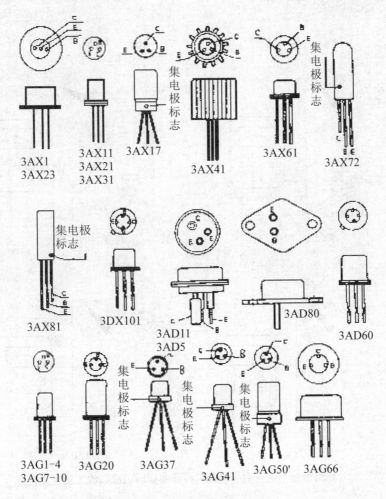

图 1-16　常见三极管电极排列顺序

（2）检查放大性能。与判断极性方法类似，如图 1-18（b）所示。观察万用表指针摆动幅度的大小，若摆动越大，说明管子的放大倍数越大，即 β 越大；反之则越小。

（3）穿透电流 I_{CEO} 的检测。用万用表测量 C、E 之间的电阻，如图 1-18（a）所示。NPN 型应将黑笔接 C 极、红表笔接 E 极（PNP 将表笔对调），所测的阻值愈大，穿透电流就愈小，性能就愈好，（中小功率的锗管应大于数千欧，硅管应大于几百千欧）。阻值太小，

则 I_{CEO} 很大，管子性能不好；在测量时若表针摇摆不定，表明管子的稳定性很差；若阻值接近于 0，则管子已击穿损坏。

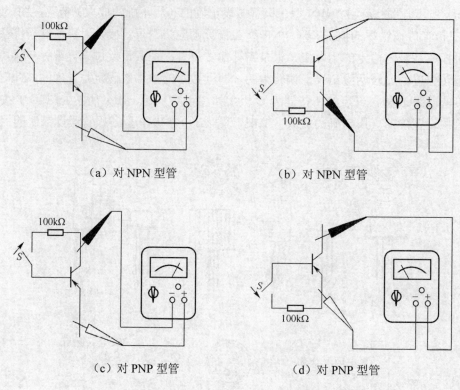

（a）对 NPN 型管　　　　　　　　　　（b）对 NPN 型管

（c）对 PNP 型管　　　　　　　　　　（d）对 PNP 型管

图 1-17　三极管的 e 和 c 的判别

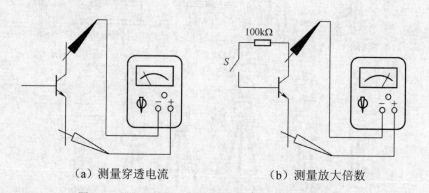

（a）测量穿透电流　　　　　　　　　（b）测量放大倍数

图 1-18　用万用表测量三极管的穿透电流和放大倍

（4）硅管、锗管的判别。如图 1-19 所示，若测得电压降为 0.7V 左右即为硅管；0.2～0.3V 即为锗管。对 NPN 型管，方法类似，但电池和电表的极性要调换一下。

4. 三极管的选用原则

（1）根据使用频率选用，选管时应使特征频率为工作频率的 3～10 倍，极间电容要小。

（2）根据功率选用。不同的放大电路对功率的要求不一样，一般选用集电极的耗散功率为实际输出的最大功率的两倍左右。

（3）根据工作电源电压选用。集电极—发射极反向击穿电压 $U_{(BR)CEO}$ 应选得大于电源电压，穿透电流 I_{CEO} 要小，温度稳定性要好。一般硅管的稳定性优于锗管，但普通硅管的饱和压降要比锗管大些，使用时应根据实际情况选择。

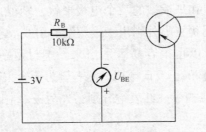

图 1-19　硅管锗管判别（锗管的电路）

（4）根据放大倍数选用。对于功放，一般选用 β 值大一些的管子，以提高功率增益；但作为高中频放大，则应选 β 值小一些的管子，因为 β 太高容易造成自激振荡，而且 β 值太高时，一般工作稳定性差，使用时应特别注意；作为推挽放大时应选两只 β 值相同、I_{CEO} 相同的管子，否则会引起信号失真。

1.4.4　晶闸管和单结晶体管

1. 晶闸管

晶闸管又名可控整流元件或可控硅，它也有单向导电性，而且其导通时间是可以控制的。与普通整流二极管相比，它具有耐压高、容量大、效率高、可以控制等优点，广泛地应用于工农业生产中。

（1）分类。根据工作特性不同，它可分为普通可控硅（即单向可控硅）、可关断可控硅和双向可控硅等几种。目前国产可控硅有螺栓型、平板型、塑封型三种，常见外形如图1-20 所示。

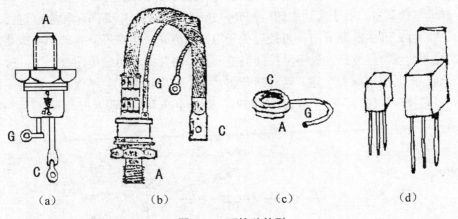

（a）　　　　　（b）　　　　　（c）　　　　　（d）

图 1-20　可控硅外型

一个性能良好的可控硅，截止时其漏电流应很小，触发导通后压降也应很小，这是对可控硅进行性能检测的主要依据。

（2）主要参数。可控硅的主要参数有正向转折电压 U_{BO} 和正向阻断电压 U_{DFM}、反向击穿电压 U_{BR} 和反向峰值电压 U_{DRM}、额定正向平均电流 I_F、正向平均压降 U_F、维持电流 I_H、控制极触发电压 U_G 和触发电流 I_G 以及控制极反向电压等。

（3）电极判别。螺栓型和平板型的三个电极形状区别很大，不必再判别。有时为了便于和触发电路连接，在其阴极上另外引出一根较细的引线，这样该可控硅便有四个电极，由于它和阴极直接相连，所以也很容易区别出来。塑封型小功率可控硅可用万用表的 R×100Ω 或 R×1kΩ 档测任两脚的正反向电阻，两者皆为无穷大时这两极即阳极和阴极，另一脚为栅极，然后用黑表笔接栅极、红表笔分别另外两极，电阻小的一脚即阴极，电阻大的为阳极。

（4）塑封型小功率可控硅好坏的判别。对于塑封型小功率可控硅的好坏可用万用表的 R×10Ω 或 R×100Ω 进行判别，将黑表笔接阳极，红表笔接阴极，然后用一条导线将控制极和阳极连通，万用表指针应偏转且较小，这时再断开连接的导线，如万用表的指针能继续保持不动，说明可控硅能维持导通，是好的可控硅，否则是坏管，如图 1-21 所示。

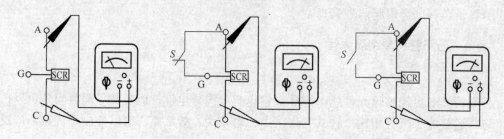

图 1-21 判断小功率可控硅好坏的步骤

（5）性能测量。

1）PN 结特性测量。可控硅内部共有三个 PN 结，只有它们特性都良好时，可控硅才能正常工作。判别 PN 结好坏的最简便方法是测量其正反向电阻值的大小。

2）导通特性测量。对于大功率的可控硅，也可采用如图 1-22 所示的电路进行测量可控硅的导通特性。开关 S 断开时，可控硅处于阻断状态，小电珠不亮。若小电珠亮，说明可控硅击穿了；若灯丝发红，说明可控硅漏电严重。将开关 S 迅速地闭合一下，可控硅被触发而导通，此时小电珠很明亮，这时断开 S，小电珠应仍高。若不很亮，说明可控硅导通压降大，可控硅导通时压降一般为 1V 左右；若小电珠灭，说明其控制极损坏。

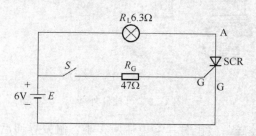

图 1-22 可控硅导通特性测量

2. 单结晶体管

单结晶体管又称双基极二极管，它有负阻特性，广泛地应用于脉冲和数字电路中。也是可控硅触发电路的非常重要的器件。

单结晶体管的主要参数是分压系数或分压比。

单结晶体管的电极 E、B_1、B_2 的判别方法为：将万用表拨在 R×1K 档上，依次测量管子任意两个电极间的正反向电阻。若某两极间的正反向电阻相等，而且阻值为 2～15kΩ，则另一极为 E。然后黑表笔接 E，红表笔依次接 B_1 和 B_2，与较小阻值相对应的红表笔所接的电极为 B_2，另一极则为 B_1。

1.5　元器件的老化和筛选

众所周知，可靠性是产品的一个重要指标。对于电子元器件，特别是半导体器件，即使它的设计多么先进合理、工艺质量控制多么严格，但是，在大批量生产中，由于各种原材料、辅助材料以及有关工艺条件和设备状况等不可避免地有些变动。尤其是一些人为的误差，这样就使生产制造出来的器件产品并不都能完全合乎高可靠性指标要求。这种工艺上（甚至设计上）的缺陷往往会导致产品提前失效，其寿命低于该批产品的平均寿命，因此器件制造厂的最后一道工序常常是老化和筛选，其目的就是利用外加应力或其他手段将这些潜在的早期失效器件产品，或者所谓的"隐患"及时地从整批产品中予以淘汰、剔除，以确保出厂的大批产品具有较高的可靠性，而且，这道工序对于原来合乎要求、不存在潜在缺陷的产品，似乎也起了一种"老化"或"老练"的作用，因此有时也称之为"老化"，相应的试验称为"老化试验"。

根据所加的应力或使用的手段、工具，老化筛选大致可分为 4 类：

（1）寿命筛选，包括高温储存、功率老化等。

（2）环境应力筛选，包括恒定加速、机械振动和冲击、温度循环和热冲击等。

（3）密封性筛选，包括粗细检漏、抗潮湿等。

（4）检查筛选，包括显微镜检查、X－光透视和红外扫描等。

第 2 章　电子线路的设计与制作基础

2.1　电子电路的设计方法

电子电路设计一般包括电路系统性能指标规划、电路的预设计、实验和修改设计、设计定型等五个环节。电路系统性能指标规划是依据系统的功能需求和设计任务要求，拟定系统的电气性能指标、环境温度和机械性能指标，包括单元电路的接口规程等；电路的预设计是依据设计任务要求和电路指标规划，选择合适的电路实现方案和参数的理论计算；实验和修改设计是指根据选择的电路方案搭建实验电路，通过实验手段验证拟定的电路方案和实际的电路参数，优化电路设计；设计定型是指通过实验环节，对所拟定的电路设计方案进行比较、修定和优化，再依据可行性和经济性的原则，在满足设计任务要求的前提下，选择性价比高的设计方案。衡量设计质量的标准是：工作稳定可靠，电气性能能达到规定的性能指标，并留有适当的裕量；电路结构简单、成本低、功耗低；所采用元器件的品种少、体积小且货源充足；便于生产、测试和维修等。

在电子电路系统设计时，首先明确系统的设计任务，根据任务进行总体方案选择，然后对组成系统的单元电路进行设计、参数计算、元器件的确定和实验调试；最后绘出符合设计要求的完整的系统电路图。

电子电路的一般设计方法和步骤如图 2-1 所示，即选择总体方案、设计单元电路、选择元器件、审图、仿真与实验、画出总体电路图。

由于电子电路种类繁多，千差万别，故设计一个电子电路系统的方法和步骤也不尽相同。设计方法和步骤也因情况不同而不同，因而上述设计步骤需要交叉进行，有时甚至会出现反复。因此在设计时，应根据实际情况灵活掌握。

2.1.1　功能和性能指标分析

一般设计题目给出的是系统的功能要求、重要技术性能指标要求，这些要求是电子电路系统设计的基本出发点。但仅凭题目所给要求还不能进行设计，设计人员必须对题目的各项要求进行分析，整理出系统和具体电路所需要的更具体、更详细的功能要求和技术性能指标要求，即规划拟定出电路系统性能指标要求作为该电子电路系统设计的原始依据。

2.1.2　总体方案的设计与选择

通过全面分析设计任务书所规定的系统功能、重要技术指标后，依据规划拟定的电路系统性能指标，运用已掌握的知识和资料，将总体系统按功能合理地分解成若干个子系统（单元电路），分清主次和相互的关系，形成若干单元功能模块组成的总体方案。该方案可以有多个，需要通过实际的调查研究、查阅有关的资料或集体讨论等方式，着重从方案能否满足要求、结构是否简单、实现是否经济可行等方面，对几个方案进行比较和论证，择优选取。对选用的方案，常用方框图的形式表示出来。注意每个方框尽可能是完成某一种功能的单元电路，尤其是关键的功能模块的作用，一定要表达清楚，还要表示出它们各自的作用和相互之间的关系、注明信息的走向等，并画出各个单元电路框图相互连接而形成的系统原理框图。

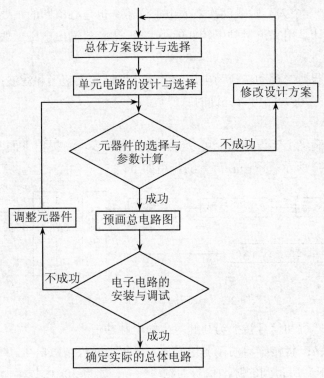

图 2-1　电子电路设计的一般步骤

因此，在总体方案的选择时，应针对设计任务要求、规划的总体技术指标和设计的条件，参阅相关资料文献，广开思路，敢于探索，勇于创新，提出几套不同的方案，仔细分析推敲每套方案的可行性和优缺点，并加以比较，取其优者，力争做到设计方案合理，可靠，经济，功能齐全，技术先进。这一步的工作要求是把系统要完成的任务分配给若干个单元电路，并画出一个能表示各单元功能的原理框图。

选择方案应注意的几个问题：

（1）应当针对关系到电路全局的问题，多提些不同的方案，深入分析比较。有些关键部分，还要提出各种具体电路，根据设计要求进行分析比较，从而找出最优方案。

（2）要考虑方案的可行性、性能、可靠性、成本、功耗和体积等实际问题。

（3）选定一个满意的方案并非易事，在分析论证和设计过程中需要不断改进和完善，出现一些反复是再所难免的，但应尽量避免方案上的大反复，以免浪费时间和精力。

总体方案一般用框图的形式来表示其原理，框图不等同于电原理图，只要能说明基本原理即可，但对于有些关键部分一定要画清楚，必要时需画出具体的电路并分析说明。另外，框图必须正确反映应完成的任务和各组成部分的功能，清楚表示系统的基本组成和相互关系。下面通过具体的例子来分析。

【例 2-1】脉搏计设计。要求实现在 30s 内测量 1min 的脉搏数，并且显示其数字。正常人的脉搏数为 60～80 次/min，婴儿为 90～100 次/min，老人为 100～150 次/min。

1. 分析设计题目要求

脉搏计是用来测量一个人心脏跳动次数的电子仪器，也是心电图的主要组成部分。由给出的设计指标，脉搏计是用来测量频率较低的小信号（传感器输出电压一般为几个毫伏），它的基本功能是：

（1）用传感器将脉搏的跳动转换为电压信号，并加以放大整形和滤波；

（2）在短时间内（30s）测出每分钟的脉搏数。

2. 选择总体方案

（1）提出方案。满足上述设计功能可以实施的方案很多，现提出下面两种方案。

方案（Ⅰ）：如图 2-2 所示。图中各部分的作用如下：

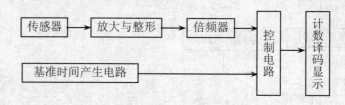

图 2-2　脉搏计方案（Ⅰ）

1）传感器：将脉搏跳动信号转换为与此对应的电脉冲信号。

2）放大与整形电路：将传感器的微弱信号放大，整形除去杂散信号。

3）倍频器：将整形后所得到的脉冲信号的频率提高。如将 30s 内传感器所获得的信号频率 2 倍频，即可得到对应 1min 脉冲数，从而缩短测量时间。

4）基准时间产生电路：产生短时间的控制信号，以控制测量时间。

5）控制电路：用以保证在基准时间控制下，使 2 倍频后的脉冲送到计数、译码、显示电路中。

6）计数、译码、显示电路：用来读出脉搏数，并以十进制数的形式由数码管显示出来。

7）电源电路：按电路要求提供符合要求的直流电源。

上述测量过程中，由于对脉冲进行了 2 倍频，计时时间也相应缩短了 2 倍（30s），而数码显示的数字却是 1min 的脉搏跳动次数。用这种方案测量的误差为±2 次/min，测量时间越短，误差也越大。

方案（Ⅱ）：如图 2-3 所示。

该方案是首先测出脉搏跳动 5 次所需的时间，然后再换算为每分钟脉搏跳动的次数，这种测量方法的误差小，可达±1 次/min，此方案的传感器、放大与整形、计数、译码、显示电路等部分与方案（Ⅰ）完全相同，现将其余部分的功能介绍如下：

1）六进制计数器：用于检测六个脉搏信号，产生五个脉冲周期。

2）基准脉冲（时间）发生器：产生周期为 0.05s 的基准脉冲信号。

3）门控电路：控制基准脉冲信号进入 8 位二进制计数器。

4）8 位二进制计数器：对通过门控电路的基准脉冲进行计数，例如 5 个脉搏周期为 5s，即门打开 5s 的时间，让 0.05s 周期的基准脉冲信号进入 8 位二进制计数器，显然计数值为 100，反之，由它可相应求出 5 个脉冲周期的时间。

5）定脉冲数产生电路：产生定脉冲数信号，如 6000 个脉冲送入可预置 8 位计数器端。

6）可预置 8 位计数器：以 8 位二进制计数器值（如 50）作为预置数，对 6000 个脉冲进行分频，所得的脉冲数（如得到 60 个脉冲）即心率。

（2）方案比较。方案（Ⅰ）结构简单，易于实现，但测量精度偏低；方案（Ⅱ）电路结构复杂，成本高，测量精度高。根据设计要求，精度为±2 次/min，在满足设计要求的前提下，应尽量简化电路，降低成本，故选择方案Ⅰ。

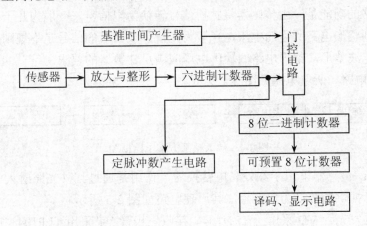

图 2-3　脉搏计方案（Ⅱ）

2.1.3　单元电路的设计与选择

任何复杂的电子电路，都是由若干具有简单功能的单元电路组成的。这些单元电路的性能指标往往比较单一。在进行单元电路设计时，应明确对各单元电路的具体要求，详细拟定出单元电路的性能指标和各单元之间的相互联系，分析单元电路的工作原理，设计出各单元的电路结构形式。在设计时，注意前后级单元之间信号的传递方式和匹配，尽量少用或不用电平转换之类的接口电路，并应使各单元电路的供电电源尽可能地统一，以便使整个电子系统简单可靠。另外，应尽量选择现有的、成熟的电路来实现单元电路的功能，也要善于通过查阅资料、分析研究一些新型电路，开发利用新型器件。如果找不到完全满足要求的现成电路，则在与设计要求比较接近的电路基础上适当改进，或自己进行创造性设计。为使电子系统的体积小、可靠性高，单元电路尽可能使用集成电路组成。

设计单元电路的一般方法和步骤如下：

（1）根据设计要求和已选定的总体方案的原理框图，确定对各单元电路的设计要求，必要时应详细拟定主要单元电路的性能指标。注意各单元电路之间的相互配合，但要尽量少用或不用电平转换之类的接口电路，以简化电路结构、降低成本。

（2）拟定出各单元电路的要求后，应全面检查一遍，确实无误后方可按一定顺序分别设计各单元电路。

（3）选择单元电路的结构形式。一般情况下，应查阅有关资料，以丰富知识、开阔眼界，从而找到适用的电路。当确实找不到性能指标完全满足要求的电路时，也可选用与设计要求比较接近的电路，然后调整电路参数。

各单元电路之间要注意在外部条件、元器件使用、连接关系等方面的配合，尽可能减少元器件的数量、类型、电平转换和接口电路，以保证电路最简单、工作最可靠、经济实用。各单元电路拟定后，应全面地检查一次，看每个单元各自的功能是否能实现，信息是否能畅通，总体功能是否满足要求，如果存在问题必须及时做出局部调整。

【例 2-2】例 2-1 中所选择总体方案的放大整形方案电路设计。

此部分电路的功能是：由传感器将脉搏信号转换为电信号，一般为几十毫伏，必须加以放大，以达到整形电路所需的电压，一般为几伏。放大后的信号是不规则的脉冲信号，因此必须加以滤波整形，整形电路的输出电压应满足计数器的要求。

（1）选择电路。所选电路如图 2-4 所示。

图 2-4　放大整形方案电路框图

1）传感器：传感器采用了红外光电转换器，作用是通过红外光照射人的手指的血脉流动情况，把脉搏跳动转换为电信号，其原理电路如图 2-5 所示。

图中，红外发光管 VD 采用了 TLN104，接收三极管 VT 采用 TLP104。用+5V 电源供电，R_1 采用 500Ω，R_2 采用 10kΩ。

2）放大电路：由于传感器输出电阻比较高，故放大电路采用了同相放大器，如图 2-6 所示，运放采用了 OP07，放大电路的电压放大倍数为 10 倍左右，电路参数为：R_4=100kΩ，R_5=910kΩ，R_3=10kΩ，C_1=100μF。

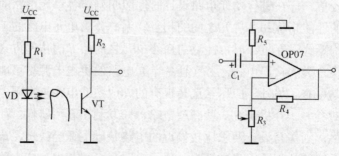

图 2-5　传感器原理电路　　　　　图 2-6　同相放大器

3）有源滤波电路：采用了二阶压控有源低通滤波电路，如图 2-7 所示，作用是把脉搏信号中的高频干扰信号去掉，同时把脉搏信号加以放大。考虑到去掉脉搏信号中的干扰脉冲，所以有源滤波电路的截止频率为 1kHz 左右。为了使脉搏信号放大到整形电路所需的电压值，通常电压放大倍数选用 1.6 倍。集成运放采用 OP07。

4）整形电路：经过放大滤波后的脉搏信号仍是不规则的脉冲信号，且有低频干扰，仍不满足计数器的要求，必须采用整形电路，这里选用了滞回电压比较器，如图 2-8 所示，其目的是为了提高抗干扰能力，集成运放采用了 LM339，其电路参数为：R_{10}=5.1kΩ，R_{11}=100kΩ，R_{12}=5.1kΩ。

5）电平转换电路：由比较器输出的脉冲信号是一个正负脉冲信号，不满足计数要求脉冲信号，故采用电平转换电路，如图 2-8 所示。

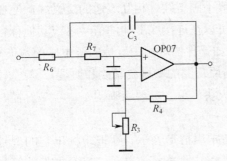

图 2-7 二阶有源滤波器

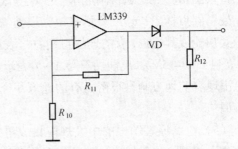

图 2-8 施密特整形电路和电平转换电路

（2）参数计算。根据由集成运放组成的电压放大器、有源滤波电路、电压比较器的设计方法和参数计算参考相关教材内容，这里不再重复。

（3）放大与整形部分电路，如图 2-9 所示。

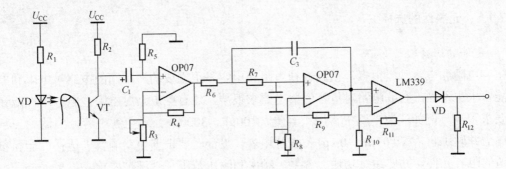

图 2-9 放大与整形部分电路

2.1.4 总电路图的画法

设计好各单元电路以后，应画出总电路原理图。总电路原理图是进行实验和印刷电路板设计制作的主要依据，也是进行生产、调试、维修的依据，因此画好一张总电路原理图非常重要。

画总电路图的一般方法如下：

（1）画总电路原理图应注意信号的流向，通常从输入端或信号源画起由左至右或由上至下按信号的流向依次画出各单元电路，而反馈通路的信号流向则与此相反。

（2）布局合理，排列均匀，图片清晰，便于看图，有利于对图的理解和阅读。通常总电路由几部分组成，绘图时应尽量把总电路图画在一张图纸上。如果电路比较复杂，需绘制几张图，则应把主电路画在同一张图纸上，而把一些比较独立和次要的部分画在另外的图纸上，并在图的断口两端做上标记，标出信号从一张图到另一张图的引出点和引入点，以此说明各图纸在电路连线之间的关系。

（3）有时为了强调并便于看清各单元电路的功能关系，每一个功能单元电路的元件应集中布置在一起，并尽可能按工作顺序排列。

（4）电路原理图中所有的连线都要表示清楚，各元器件之间的绝大多数连线应在图样上直接画出。连线通常画成水平线或竖线，一般不画斜线。相互连通的交叉线，应在交叉点处用圆点标出。连线要尽量短。根据需要，可以在连接线上加注信号名或其他标记，表示其功能或其去向。有的连线可用符号表示，例如器件的电源一般标电源电压的数值（如+5V、+15V、-15V），地线用符号（⊥）表示。电路原理图的安排要紧凑和协调，稠密恰当，避免出现有的地方画得很密，有的地方却空出一大块。总之，要清晰明了，容易看懂，美观协调。

（5）电路原理图中的中大规模集成电路，通常用框形表示。在框中标出它的型号，框的边线两侧标出每根连线的功能名称和管脚号。除中大规模器件外，其余器件的符号也应当标准化。集成电路器件的管脚较多，多余的管脚应作适当处理。

（6）如果电路比较复杂，设计者经验不足，有些问题在画出总体电路之前难以解决，此时可以先画出总电路图的草图，调整好布局和连线后，再画出正式的总电路图。

以上只是总电路的一般画法，实际情况千差万别，应根据具体情况灵活掌握。

2.1.5　元器件的选择

1. 元件的选择

阻容电阻和电容种类很多，正确选择电阻和电容是很重要的。不同的电路对电阻和电容性能要求也不同，有解电路对电容的漏电要求很严，还有些电路对电阻，电容的性能和容量要求很高。例如滤波电路中常用大容量（100μF～3000μF）铝电解电容，为滤掉高频通常还需并联小容量（0.01μF～0.1μF）瓷片电容。设计时要根据电路的要求选择性能和参数合适的阻容元件，并要注意功耗、容量、频率和耐压范围是否满足要求。

2. 分立元件的选择

分立元件包括二极管、晶体三极管、场效应管、光电二（三）极管、晶闸管等。根据其用途分别进行选择。

3. 集成电路的选择

由于集成电路可以实现很多单元电路甚至整机电路的功能，所以选用集成电路来设计单元电路和总体电路既方便又灵活，它不仅使系统体积缩小，而且性能可靠，便于调试及运用，在设计电路时颇受欢迎。但是集成电路的品种很多，选用方法一般是"先粗后细"，即先根据总体方案考虑应该选用什么功能的集成电路，然后考虑具体性能。

集成电路有模拟集成电路和数字集成电路。国内外已生产出大量集成电路，其器件的型号、原理、功能、特征可查阅有关手册。选择的集成电路不仅要在功能和特性上实现设计方案，而且要满足功耗、电压、速度、价格等多方面的要求。选择集成电路时应注意以下几点：

（1）选择集成运放，应尽量选择"全国集成电路标转化委员会提出的优选集成电路系列（集成运放）"中的产品。

（2）同一种功能的数字电路可能既有 CMOS 产品，又有 TTL 产品，而且 TTL 器件中有中速、高速、甚高速、低功耗和肖特基低功耗等不同产品，CMOS 数字器件也有普通型和高速型两种不同产品。对于某些具体情况，设计者可根据它们的性能和特点灵活掌握。

（3）CMOS 器件可以与 TTL 器件混合使用在同一电路中，为使两者的高、低电平兼容，CMOS 期间安应尽量使用+5V 电源。但与用+15V 供电的情况相比，有些性能有所下降。例如，抗干扰的容限减小，传输延迟时间增大等。因此，必要时 CMOS 仍需+15V 电源供电，此时，CMOS 器件与 TTL 器件之间必须加电平转换电路。

2.1.6　参数计算

为保证单元电路达到功能指标要求，就需要用电子技术知识对参数进行计算。例如，放大电路中各电阻值，放大倍数的计算；振荡器中电阻、电容、振荡频率等参数的计算。只有很好地理解电路的工作原理，正确利用计算公式，计算的参数才能满足设计要求。

参数计算时，同一个电路可能有几组数据，注意选择一组能完成电路设计要求功能的、在实践中能真正可行的参数。

计算电路参数时应注意下列问题：

（1）各元器件的工作电流、工作电压、频率和功耗应在允许的范围内，并留有适当的裕量，以保证电路在规定的条件下正常工作，达到所要求的性能指标。

（2）对于环境温度、交流电网电压等工作条件，计算参数时应按最不利的情况考虑。

（3）设计元器件的极限参数时，必须留有足够的裕量，一般按 1.5 倍左右考虑。

（4）电阻和电容的参数应选计算值附近的标称值。

2.2　电子电路的抗干扰技术

电子电路是在一定的环境条件下工作的，它在传输信息时，要求不受外界的影响，同时不向其他设备传播不必要的电磁信号。但在实际环境中，必然存在着自然界或人为因素产生的电磁信号，如通过电源进来的 50Hz 交流电流，电子电路周围存在的发电机、电动机、日光灯带来的杂散电磁场等，这些电磁信号通过一定的途径进入电子设备，影响电路的正常工作。同时电子设备内部也会产生影响电路正常工作的信号，这些信号通称为干扰。

2.2.1　杂散电磁场干扰及其抑制

当放大电路的输入电路或某些重要元器件处于杂散电磁场中，就会感应出干扰电压。对于一个放大倍数比较高的放大器来说，如果第一级引入一点微弱的干扰电压，经过后面各级的放大，在输出端就有一个较大的干扰电压输出。

对于杂散电磁场的干扰，可采用下列措施：

（1）布局合理。从放大器的结构布线来说，电源变压器要尽量远离放大器第一级的输入电路。在安装变压器时要注意选择它们的安装位置，使变压器不易对放大器产生严重干扰。对有输入变压器的放大器，要特别注意将输入变压器的线圈安装得与干扰磁场垂直，以减小感应的干扰电压。放大器的布线要合理，放大器的输入线与输出线及交流电源线要分开走线，不要平行走线。输入走线越长，越易接受干扰。

（2）屏蔽。在电子设备中，某些元件（或电路）之间存在着分布电容或电磁场，从而产生有害的寄生耦合现象，在寄生耦合作用下，电场、磁场或电磁波从电路的一个区域感应或传播到另一个区域，这必然干扰电路的正常工作，使电子设备出现自激现象。因此，为了保证设备稳定可靠地工作，就必须消除有害的寄生耦合现象。电子制作中屏蔽技术就是常用的措施之一。

电子电路中的屏蔽分为电场屏蔽、磁场屏蔽和电磁屏蔽等。

1）电场屏蔽。又称为静电屏蔽，主要是用来防止元器件或电路间分布电容耦合形成的干扰。

电源变压器中的静电屏蔽层是电场屏蔽的一个比较典型的实例。图 2-10 为普通电源变压器的结构示意图，其初、次级绕组间通常仅隔着薄薄的绝缘层，因此，初、次级间相当于存在一个极板面积较大而间距较小的电容，也就是说该等效电容具有较大的容量。所以，来自电网线路的各种高频干扰信号很容易从初级通过该电容感应到次级，干扰设备内电路的正常工作。为了解决这个问题，一般电源变压器的初、次级间都设置屏蔽层，这样，能使初、次级间的分布电容大为减小，因高频干扰信号基本上被屏蔽层引入地线泄放，极少感应到次级，有效地达到了屏蔽目的，示意图如图 2-11 所示。

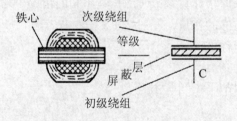

图 2-10　变压器结构示意图

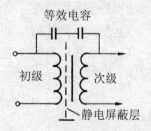

图 2-11　变压器静电屏蔽示意图

静电屏蔽层也可用漆包线在初、次级间绕一层线圈代替。当允许变压器次级一端接地时（例如半波整流电路），可借助次级绕组形成静电屏蔽层，其方法是将次级绕组起始端接地，如图 2-12 所示，但这种方法对次级绕组匝数较少的变压器静电屏蔽效果不明显。另外，由于线圈存在一定的电感量，在高频时会明显地影响对地泄放干扰信号。故线圈屏蔽层静电屏蔽效果一般不如铜箔或铝箔屏蔽效果好。

2）磁场屏蔽。是指用来消除元器件或电路之间因磁场寄生耦合产生的干扰。把需要屏蔽的产生磁场的电路或元件用磁性材料（铁、镍、钴等）做成空腔体罩起来，使磁力线基本上被集中于铁磁性腔体的内部，从而避免了对外界电路的干扰，起到磁场屏蔽的作用，如图 2-13 所示。

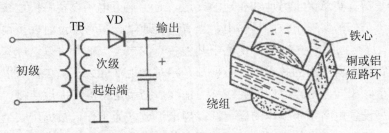

图 2-12　变压器次级绕组接地示意图

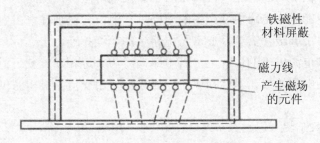

图 2-13　磁场屏蔽原理图

3）电磁屏蔽。在电子设备中，较为常见的电磁干扰就是由交变电磁场引起的。交变电磁场在空间由近向远传播，即人们通常所说的电磁波辐射。电磁波的频率越高，场强越大，向外辐射的能力愈强，对周围元件的影响也就越大。通常所说的电磁屏蔽是对高频电磁场的屏蔽。例如，收音机中频变压器常常带有电磁屏蔽罩，是因为中频变压器工作时极易向外辐射高频电磁场的原因，如图 2-14 所示。

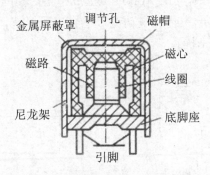

图 2-14　中频变压器的双层屏蔽

2.2.2　电子电路中的接地

电子电路以及电子设备的"地"通常有两种含义：一种是"大地"（安全地），另一种是"系统基准地"（信号地）。接地就是指在系统与某个电位基准面之间建立低阻的导电通路。"接大地"是以地球的电位为基准，并以大地作为零电位，把电子设备的金属外壳、电路基准点与大地相连。由于大地的电容非常大，一般认为大地的电势为零。开始的时候，接地技术主要应用在电力系统中，后来，接地技术延伸应用到弱电系统中。在弱电系统中的接地一般不是指真实意义上与地球相连的接地。对于电力电子设备将接地线直接连在大地上或者接在一个作为参考电位的导体上，当有电流通过该参考电位时，接地点是电路中的共用参考点，这一点的电位为0V，电路中其他各点的电位高低都是以这一参考点为基准的，一般在电路图中所标出的各点电位数据都是相对接地端的大小，这样可以大大方便修理中的电位测量。相同接地点之间的连线称为地线。把接地平面与大地连接，往往是出于以下考虑：提高设备电路系统工作的稳定性，静电泄放，为工作人员提供安全保障。电子电路接地的主要目的：一是使电子设备中的所有单元电路都有一个基准电位，这是保证电路正常稳定工作不可缺少的条件之一；二是对带有接地屏蔽体的电路，防止外界电磁场干扰电路工作，同时也能防止电路内部产生的电磁场外泄；三是现在许多电子设备的金属地板、机壳及外露件为了屏蔽等需要，通常与电路中的地线相连。

在采用交流工频电源供电的情况下，若电路地线与大地相通，就可避免因绝缘不良或雷击等因素而造成触电事故或元器件损坏。但如果不使用交流工频电源供电，就没有这种必要。

1. 接地系统引入干扰

公共接地线上始终存在一定阻抗，当有电流流过时，就会在该地线上产生电压降。另外，公共接地线还与其他回路的引线构成环路，而成为干扰的因素。当一个正常传输信号的电流流经地线阻抗变成电压后就对另外的信号回路构成干扰。图 2-15 为多信号共地阻抗干扰情况示图，信号 U_1 的正常工作电流 I_1 流经公共接地线地阻 Z_g 形成电压降 $U_g = I_1 Z_g$，而对另一个回路产生干扰，且干扰电压 U_g 的大小与公共接地线地阻 Z_g 成正比。

接地系统引入干扰的另一个途径是地环路干扰。地线容易与各种信号线、电源线以及地线本身构成环路。图 2-16 中，$A_1 A_2 A_3 A_4$ 四点形成一个闭和的地线环路。当地环路与交变磁场交链时，在地环路中将产生感应电动势，耦合磁场干扰，同时地环路中接地面 $A_1 A_2$ 两点电位不同，也存在共阻干扰。

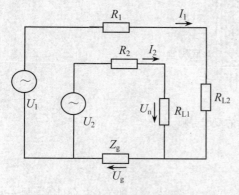 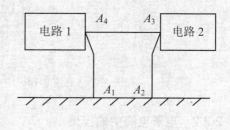

图 2-15　多信号共地阻抗干扰　　　　　　　　图 2-16　接地系统引入地环路干扰

可见，减少接地系统干扰的主要措施是减少公共地线阻抗，选择适合的接地方式等。

2．接地方式

电子电路的基本接地方式有单点接地和多点接地。

（1）单点接地方式。单点接地方式又称一点接地方式，主要适用于低频和直流电路，又分并联型单点接地和并－串联型单点接地。

图 2-17 所示为并联型单点接地，各电路和元件通过单独的地线连接到一个公共接地点。这样整个接地通道中不存在环回路，同时各电路或元件之间不存在公共地阻抗的耦合作用。

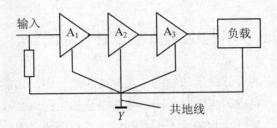

图 2-17　并联型单点接地图

图 2-18 为并－串联型单点接地，即把各元件或电路的接地线分成若干组，组内接地线并接，组与组之间用导线串接。这种接线比并联型接地方式简单，便于电路板布线，但多一条共地线 XY，在该段共地线上形成共地干扰的可能性更大一些，应该缩短其长度，加大其截面。

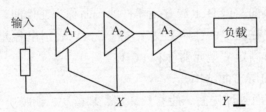

图 2-18　并－串联型单点接地

（2）多点接地方式。在单点接地方式的电路中，各元件或各电路往往需要较长的地线，这样，地线的电感及分布电容就明显增大，在高频电路中很容易形成干扰，因此，高频电路中一般不用单点接地而用多点接地。图 2-19 所示电路为多点接地方式，即把各元件或电路的分支接地线分别接到总接地线，可见各支地线的长度可减小到最小程度，因而有效地防止因地线电感及电容引起的干扰。但多点接地电路中由于各支地线呈串联形式接入总地线，因此，当总地线在阻抗较大时会形成较严重的共地干扰。为此，多点接地电路中的总地线一般要用导电性能良好的大面积金属底板、印刷铜箔等来担当。这样可使总地线上任何点都具有相同的地电位；也可采用环形地线，大面积环抱地线或每隔一段距离接地一次地线，以减小总地线上的接地点的地电位差。但环形地线和多点接地存在地环路，容易受外界磁场及地环电流干扰。

多点接地方式也可用于低频和直流电路中，但尽量避免形成地环路。

（3）混合接地方式。它是一种将单点接地和多点接地方式综合应用的接地法，主要适用于较复杂的电子电路中。

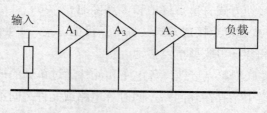

图 2-19　多点接地图

2.3　印制电路板地设计与制作

在覆铜板上，按照预定的设计，用印制的方法制成印制线路、印制元件或两者结合而成地电路，成为印制电路。完成印制电路或印制线路工艺加工的成品板，称为印制电路板或印制线路板，通常简称印制板或 PCB。人们熟知的主机板、显卡等计算机零件，它们最重要的部分就是印制电路板。

2.3.1　PCB 基本知识

（1）导线或布线。PCB 板上成网状的细小线路。这些线路被称作导线或布线，用来提供 PCB 上元器件的电路连接。

（2）元件面与焊接面。PCB 上放置元器件的一面称为元件面，另一面称为焊接面。

（3）丝网印刷面。在这上面会印上文字与符号，以表示出各元件在板子上的位置。

（4）安装孔。用于固定大型元器件和 PCB。

（5）PCB 印制板的层与面结构。

1）单面板。从元件面到焊接面一般有丝印层、基板层、铜膜层、阻焊膜层，如图 2-20 所示。

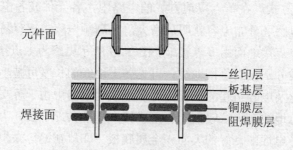

图 2-20　单面板层与面结构

2）双面板。从元件面到焊接面一般有丝印层、阻焊膜层、元件面铜膜层、板基层、焊接面铜膜层、阻焊膜层，如图 2-21 所示。

3）多层板（4 层板）。从元件面到焊接面一般有丝印层、阻焊膜层、元件面铜膜层、板基层、中间层铜膜、绝缘层、中间层铜膜、板基层、焊接面铜膜层、阻焊膜层，如图 2-22 所示。

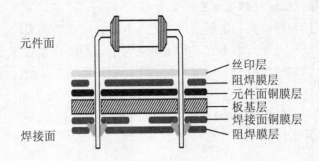

图 2-21　双面板层与面结构

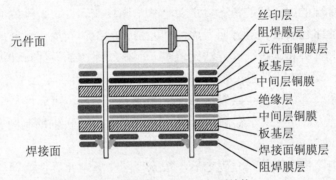

图 2-22　多层板（4 层板）层与面结构

4）印刷电路板的层间连接。通过对层间过孔或焊盘上元件插孔的金属化实现连接，如图 2-23 所示。

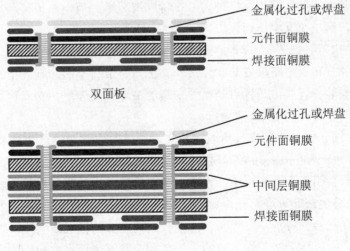

双面板

多层板（4 层板）

图 2-23　印刷电路板的层间连接

2.3.2　PCB 的设计

1. 印刷电路板图设计的基本原则要求

印刷电路板的设计，从确定板的尺寸大小开始，印刷电路板的尺寸因受机箱外壳大小限制，以能恰好安放入外壳内为宜，其次，应考虑印刷电路板与外接元器件（主要是电位器、插口或另外印刷电路板）的连接方式。印刷电路板与外接组件一般是通过塑料导线或金属隔离线进行连接，但有时也设计成插座形式，即在设备内安装一个插入式印刷电路板，要留出充当插口的接触位置。对于安装在印刷电路板上的较大的组件，要加金属附件固定，以提高耐振、耐冲击性能。

2. 布线图设计的基本方法

首先需要对所选用组件器及各种插座的规格、尺寸、面积等有完全的了解；对各部件的位置安排作合理的、仔细的考虑，主要是从电磁场兼容性、抗干扰的角度，走线短，交叉少，电源地的路径及去耦等方面考虑，即元器件的整体布局。各部件位置确定后，按照电路图连接相关管脚和引线，其方法比较多。印刷线路图的设计有计算机辅助设计与手工设计方法两种。最原始的是手工排列布图，这比较费事，往往要反复多次，才能最后完成。计算机辅助制图，其优点在于绘制、修改较方便，其精度、可靠性、集成度和效率上都大大优于手工设计方法，且便于存储和打印。目前 PCB 计算机辅助制图有多种绘图软件，功能各异。

一旦印刷电路板所需的尺寸确定后，按原理图将各个元器件位置初步确定下来，然后经过不断调整使布局更加合理。印刷电路板中各组件之间的接线安排方式如下：

（1）印刷电路中不允许有交叉电路，对于可能交叉的线条，可以用"钻"、"绕"两种办法解决。即让某引线从别的电阻、电容、三极管脚下的空隙处"钻"过去，或从可能交叉的某条引线的一端"绕"过去，在特殊情况下如何电路很复杂，为简化设计也允许用导线跨接，解决交叉电路问题。

（2）电阻、二极管、管状电容器等组件有"立式"、"卧式"两种安装方式。立式指的是组件体垂直于电路板安装、焊接，其优点是节省空间，卧式指的是组件体平行并紧贴于电路板安装、焊接，其优点是组件安装的机械强度较好。这两种不同的安装组件，印刷电路板上的组件孔距是不一样的。

（3）同一级电路的接地点应尽量靠近，并且本级电路的电源滤波电容也应接在该级接地点上。特别是本级晶体管基极、发射极的接地点不能离得太远，否则因两个接地点间的铜箔太长会引起干扰与自激，采用"一点接地法"的电路，工作较稳定，不易自激。

（4）总地线必须严格按高频-中频-低频一级级地按弱电到强电的顺序排列原则，切不可随便乱接。特别是变频头、再生头、调频头的接地线安排要求更为严格，如有不当就会产生自激以致无法工作。调频头等高频电路常采用大面积包围式地线，以保证有良好的屏蔽效果。

（5）强电流引线（公共地线、功放电源引线等）应尽可能宽些，以降低布线电阻及其电压降，可减小寄生耦合而产生的自激。

（6）阻抗高的走线尽量短，阻抗低的走线可长一些，因为阻抗高的走线容易发射和吸收信号，引起电路不稳定。电源线、地线、无反馈组件的基极走线、发射极引线等均属低阻抗走线，射极跟随器的基极走线、收录机两个声道的地线必须分开，各自成一路，一直到功效末端再合起来，如果两路地线连来连去，极易产生串音。

3．印刷板图设计中应注意的问题

（1）布线方向：从焊接面看，组件的排列方位尽可能保持与原理图相一致，布线方向最好与电路图走线方向相一致，因生产过程中通常需要在焊接面进行各种参数的检测，故这样做便于生产中的检查、调试及检修（注：指在满足电路性能及整机安装与面板布局要求的前提下）。

（2）各组件排列，分布要合理和均匀，力求整齐、美观、结构严谨的工艺要求。

（3）电阻、二极管的放置方式分为卧式和立式两种。

1）卧式：当电路组件数量不多，而且电路板尺寸较大的情况下，一般采用卧式较好。

2）立式：当电路组件数较多，而且电路板尺寸不大的情况下，一般采用立式。

（4）电位器和插座的放置原则。

1）电位器：在稳压器中用来调节输出电压，故设计电位器应满足顺时针调节时输出电压升高，反时针调节时输出电压降低；在可调恒流充电器中电位器用来调节充电电流大小，设计电位器时应满足顺时针调节时，电流增大。电位器安放位置应当满足整机结构安装及面板布局的要求，因此应尽可能放置在板的边缘，旋转柄朝外。

2）IC 座：设计印刷板图时，在使用 IC 座的场合下，一定要特别注意 IC 座上定位槽放置的方位是否正确，并注意各个 IC 脚位是否正确。

（5）进出接线端布置。

1）相关联的两引线端不要距离太大。

2）进出线端尽可能集中在 1～2 个侧面，不要太过离散。

（6）设计布线图时要注意管脚排列顺序，组件脚间距要合理。

（7）在保证电路性能要求的前提下，设计时应力求走线合理，少用外接跨线，并按一定顺序要求走线，力求直观，便于安装、测试和检修。

（8）设计布线图时走线尽量少拐弯，力求线条简单明了。

（9）布线条宽窄和线条间距要适中，电容器两焊盘间距应尽可能与电容引线脚的间距相符。

（10）设计应按一定顺序方向进行，例如可以由左往右和由上而下的顺序进行。

4．PCB 上的干扰及抑制

印制板设计是否合理，是产生干扰的原因之一，应该最大限度地抑制干扰。

（1）热干扰及抑制。常用元器件中，电源变压器、功率器件、大功率电阻等都是发热元器件，这就是造成热干扰的热源，而几乎所有半导体都有不同程度的温度敏感性，容易受环境温度的影响而使之工作点的漂移，从而造成整个电路电性能发生变化。具体设计中可采用以下措施：

1）PCB 最好是直立安装，板与板之间的距离一般不应小于 2cm。

2）同一块印制板上的器件应尽可能按其发热量大小及散热程度分区排列。

3）在水平方向上，大功率器件应尽可能靠近印制板边沿布置，以便缩短传热路径；在垂直方向上，大功率器件尽量靠近印制板上方布置，以便减少这些器件工作时对其他器件的温度影响。

（2）地线的共阻抗干扰及抑制。PCB 内的几种地线布线方式：①并联分路式，各级电路采取就近并联接地；②大面积接地；③在一块印制板上，如果同时布设模拟电路和数字电路，两种电路的地线要完全分开；④尽量加粗接地线。

（3）电磁干扰的抑制。

1）印制导线应尽可能短。

2）尽量远离干扰源，不能与之平行走线。

3）合理排列器件。在 PCB 上布置高速、中速、低速逻辑电路时，应按照图 2-24 所示的方式进行排列。

4）去耦电容的配置。在电源输入端跨接一个 10～100μF 的电解电容器；为每个集成芯片配置一个 680pF～0.1μF 的陶瓷电容器。

图 2-24　器件的排列

5．PCB 的制作

PCB 基本工艺流程为：绘制照相底图、图形转换、蚀刻、金属化孔、金属涂覆、涂助焊剂与阻焊剂。

第3章　元器件的安装和焊接工艺

焊接技术是电子工艺实习中必须掌握的一门基本功，正确运用焊接工具与材料，掌握电烙铁、导线、元器件引线的上锡及焊接方法，才能保证制作各种电子产品的质量和整机性能。其原理是利用加热或其他方法使两种金属间原子壳层互起作用（相互扩散），依靠原子间的内聚力使两金属永久牢固地结合在一起。焊接的目的是实现预设电路的连接，以实现其电路功能。

焊接的方法除了手工法外，还有机器焊接法（如浸焊的波峰焊等）和无锡焊接法等。本章主要介绍手工焊接法，并对无锡焊接也作了简单介绍。

3.1　基本知识

电子焊接的目的是实现电路、电子器件的连接，是在焊接工具高温作用下将导线、电子元器件、印制电路板上的印制铜箔走线等，按照预设要求连接成一个整体，实现电路的功能和电气性能。

在电子电路装配工艺中，焊接技术是一个重要环节。构成焊接的三个因素：一是能使焊料熔化的焊接工具（电烙铁）；二是能使焊件连接在一起的焊料；三是帮助并形成可靠焊接点的助焊剂（如图 3-1 所示）。

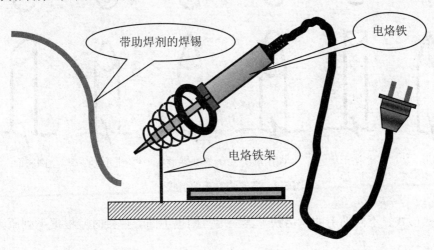

带助焊剂的焊锡　　电烙铁

电烙铁架

图 3-1　助焊剂

1. 焊接点形成的必要条件
（1）被焊接的金属应具有良好的可焊性。
（2）被焊接的金属材料表面要清洁。

（3）助焊剂选用要适当。

（4）焊料的成分和性能要适应焊接要求。

（5）焊接要具有一定的温度。

（6）焊接的时间。

2．焊料选用原则

（1）根据被焊金属材料的种类选用。

（2）根据焊接温度选用。

（3）根据焊点的机械性能选用。

（4）根据焊点的导电性能选用。

3．焊剂的选用

（1）可焊性较强的金属一般选用松香或松香酒精溶液。

（2）可焊性较差的金属应选用中性焊剂或活性焊锡丝。

（3）半密封器件应选用焊接后残留物无腐蚀性的焊剂。

（4）高阻抗半导体器件应避免采用绝缘性能较差的焊剂。

4．工具

焊接产品常用的工具有尖嘴钳、偏口钳、剥线钳、镊子、螺丝刀和电烙铁等。其中电烙铁是最主要的工具，它有内热式、外热式、恒温式和温控式（拆焊时还需用到吸锡烙铁）。

为适应不同焊接物面的需要，通常把烙铁头制成各种不同形状，图 3-2 所示的为各种常用烙铁头的形状。

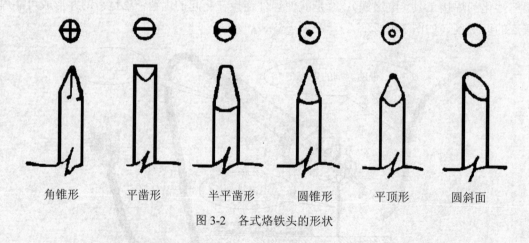

角锥形　　　平凿形　　　半平凿形　　　圆锥形　　　平顶形　　　圆斜面

图 3-2　各式烙铁头的形状

不同加热形式、不同功率的电烙铁，其应用范围也不同。焊接时应根据下列原则选用电烙铁：

（1）烙铁头的形状要适应被焊物面的要求和产品的装配密度。

（2）烙铁头的顶端温度要与焊料的熔点相适应。

（3）电烙铁的热容量要恰当。

（4）烙铁头的温度恢复时间要与被焊物面的热要求相适应。

5. 对锡焊焊点的质量要求

（1）防止假焊、虚焊和漏焊。

（2）焊点不应有毛刺、砂眼和气泡。

（3）焊点的焊锡要适量。

（4）焊点要有足够的强度。

（5）焊点表面应有良好的光泽。

（6）焊点表面要清洁。

3.2　焊前必备的加工工艺

3.2.1　导线的加工工艺

绝缘导线加工可分以下几个过程：剪裁、剥头、捻头（指多股芯线）、预焊、清洁和印标记等。

（1）剪裁。剪裁的顺序应先长导线后短导线，而且在剪裁时导线必须拉直，绝缘层不得损坏。

（2）剥头。剥头时应对准所需要的剥头距离，不能损坏芯线。剥头长度通常为 10mm 左右。

（3）捻头。多股芯线剥头后发现芯线有松散现象时，需再一次捻紧，以便于预焊，捻过后芯线的螺旋角一般在 30°～45°之间。

3.2.2　预焊工艺

为提高焊接质量，防止虚假焊。对剥头处理后的导线及元器件的焊片和引线应进行预焊处理。若器件的引线是弯曲的，可用平口钳或专用设备调直，然后再用刀具清除氧化层，位置从器件根部 2～5mm 处开始。一切准备就绪就开始预焊。

预焊的方法有两种：一种是用焊槽进行浸焊；另一种是用电烙铁涂焊。经预焊后的导线、焊片和引线的焊料层要牢固均匀，表面光滑、无孔状、无锡瘤。有孔焊片的孔不得塞。

3.2.3　引线成形工艺

引线折弯成形要根据焊点之间的距离做成需要的形状。图 3-3 所示为引线折弯的各种形状。

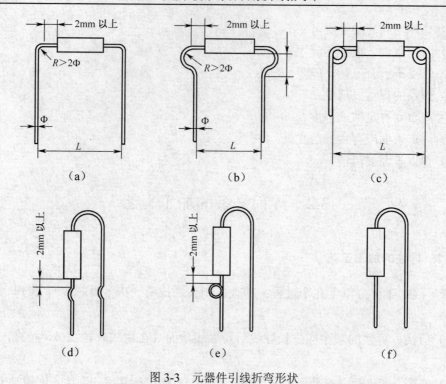

图 3-3　元器件引线折弯形状

3.3　焊接前接点的连接和元件的装置

3.3.1　一般结构焊接件焊接部位的连接

常见的装置和连接方式有搭接法、插接法、钩接法和网绕法 4 种。采用这 4 种连接方法的焊接分别叫做搭焊、插焊、钩焊和网焊，下面分别介绍。

1. 搭接法

如图 3-4（a）所示，对于机械强度要求不高，且被焊材料可焊性强的接点可用这种焊接方法。

2. 插接法

如图 3-4（b）所示，插接法是将导线插入洞孔形接点中，再进行焊接。

3. 钩接法

如图 3-5 所示，这种方法是将被连接的导线等钩接在接点的眼孔中，夹紧形成钩状，使导线不易脱离。

4. 网接法

这种方法是将导线端头或元器件引线等网绕在等焊接的接点金属片上，如图 3-6 和图 3-7 所示。网接法机械强度高，对要求高可靠性的产品通常都采用这种连接方法。

图 3-4　搭接插接示意图　　　　　　图 3-5　钩接示意图

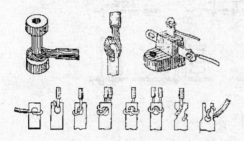

正确　　不正确

图 3-6　常用接点的网绕示例　　　　图 3-7　正确与不正确的网

3.3.2　导线与导线的连接

要延长一根导线或修理断线时，往往要采用接导线的方法，其步骤如下：

（1）去掉一定长度的导线绝缘层，清理接线处的表面，注意不要损伤芯线。

（2）导线端头上锡。

（3）把两根芯线拧在一起，如图 3-8（a）所示。

（4）把两根导线分开并用烙铁焊好，如图 3-8（b）所示。

（5）剪一断长度合适的套管套好，加热套管使之收缩后封住接头，如图 3-8（c）所示。

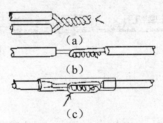

(a)

(b)

(c)

图 3-8　导线与导线的连接

3.3.3　元件的装置

1．阻容件的装置法

（1）直立装置法。直立装置法又称垂直装置法，即将元器件垂直装置在印制电路板上，如图 3-9 所示，有时为了增加器件与电路板之间的距离，或增加引线支撑元器件与电路板之间的距离，或增加引线支撑元器件的强度，可将引线弯成一定的形状或加装套管；有的体积大、重量重的器件还可以加装衬垫或将整个元器件用套管套住。

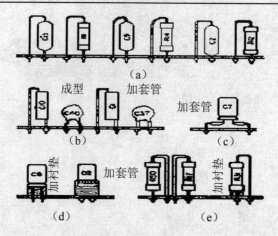

图 3-9　直立式装置法

（2）水平装置法。水平装置法又称卧式装置法，包括有间隙的（如图 3-10（a）所示）和无间隙的（如图 3-10（b）所示）两种方法。有时元器件引线之间的距离大于或小于印制电路板的安装孔距，这时需要经变形并套上套管后插入图 3-10（c）。

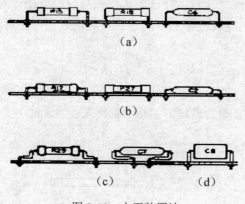

图 3-10　水平装置法

2. 晶体管的装置法

（1）晶体二极管的装置。晶体二极管的装置与阻容器件类似，有直立和水平两种装置方法，但其引线不能太短，焊接处与其根部至少应有 8mm 以上的距离。为使引线留有一定余量的长度，有时故意将引线绕成螺旋形，如图 3-11 所示。

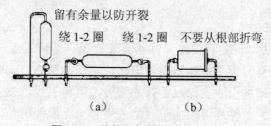

图 3-11　晶体二极管装置法

（2）小功率晶体三级管的装置。正常情况下，小功率晶体三极管有正直立装、倒装、横装和加衬垫装几种方法。如图 3-12 所示。与二极管一样，它的引线不宜剪得太短。

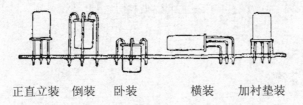

正直立装　倒装　卧装　　　横装　加衬垫装

图 3-12　小功率晶体三极管的装置方法

3. 集成电路的装置法

根据外形的不同，集成电路电路有圆壳式（即晶体管式）和扁平式两种装置方法。前者的装置方法与小功率晶体三极管直立装置法类似；后者又分两种：径向式可直接插入印制线路板上，轴向式需先进行成形方可插入印制线路板上，如图 3-13 所示。

（a）晶体管式器件　　　　　　（b）扁平式器件

图 3-13　固体器件的装置方法

4. 导线的装置

若印制线路板上需用的导线较多时，为整齐美观起见，应把它们绑成小线把，而且线不要剪得太短。与印制板相连的那端可采用插入式焊接法；与接线端子相连的那端应先网绕后再焊接。对单独引出且需经常移动的导线，其接入印制电路板上的端可将导线穿入在接点附近打的孔之后再焊接，以免导线焊接点处折断。图 3-14 所示为导线装置图。

（a）插入后焊接　　（b）网绕焊接　　（c）钻孔穿过导线

图 3-14　印制线路板上导线的安装方法示意图

5. 元件引线穿过焊盘孔后的处理

各种元器件与导线，无论采用何种装置法，其引线在穿过印制线路板上的小孔后，都应留有一定的长度（2mm）才能保证焊接质量。其露出的引线可根据需要弯成不同角度，如图 3-15 所示。

（a）不弯曲　　　　　　（b）弯成 45°　　　　　　（c）弯成 90°

图 3-15　引线穿过焊盘后成形示意图

3.4　手工烙铁焊接技术

3.4.1　焊接前的准备

电烙铁在通电加温之前应对它进行检查：

（1）检查烙铁头的固定部位。

（2）清除加热丝和烙铁头上的氧化物。

（3）检查烙铁头的焊接工作面。

（4）检查烙铁的电源线是否有裸露。

3.4.2　操作要领和安全卫生

1.　焊接的操作姿势

（1）焊锡丝的拿法。使用烙铁焊接时，人们经常把成卷的焊锡丝拉直，然后截成一尺左右的小段。焊锡丝一般有两种拿法，如图 3-16 所示。

（2）电烙铁的握法。电烙铁的握法因人而异，可以灵活掌握。如图 3-17 所示为几种常见的烙铁握法，焊接时电烙铁要拿稳对准，烙铁头朝下。一手握烙铁，另一手拿锡丝。

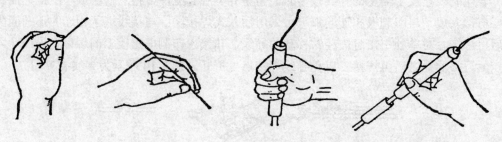

图 3-16　焊锡丝的拿法　　　　　　　　图 3-17　电烙铁的握法

2.　安全卫生

（1）焊剂加热挥发出的化学物质对人体有害，因此，操作时鼻尖至烙铁头尖端应保持 20mm 以上的距离，要挺胸端坐，切勿躬身。

（2）电烙铁用后一定要稳妥地放于烙铁架上，并注意导线等物不要碰烙铁。

（3）由于焊锡成分中含有铅类重金属，因此操作时要戴手套或操作后洗手，避免食入。

3.　焊接时烙铁头的接触方法

烙铁头的热量传给被焊接件时与接触面积、接触压力等有关。如图 3-18 所示为焊接印刷电路板和接线柱时的几种接触法。

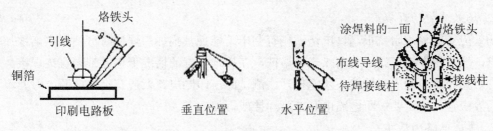

图 3-18　烙铁头的接触方法

3.4.3　焊接的步骤及注意事项

1. 焊接步骤

（1）对准焊接点。将电烙铁与焊锡丝同时对准焊接点，并在烙铁头上先熔化少量的焊锡丝或松香。

（2）接触焊接点。在烙铁头上的焊剂尚未挥发完时，将烙铁头与焊锡丝同时接触焊接点。由于加热的时间很短，所以在把烙铁头与焊锡丝放在焊接点上的同时就可以充分熔化焊锡。

（3）移开焊锡丝和拿开烙铁头。在焊锡熔化到适量和焊点吃锡充分的情况下，要迅速移开焊锡丝和拿开烙铁头，注意移开焊锡丝的时间决不要迟于离开烙铁头的时间。

连续焊接时，因每焊完一个焊接点时烙铁头上尚余下少量焊锡和未完全挥发的焊剂，所以第一步可以取消，直接一个一个地用烙铁头和焊丝接触焊接点完成焊接。

2. 注意事项

在焊接过程中，除了应严格按照焊接步骤去操作外，还应注意以下几点：

（1）温度要适当，加温时间要短（2～3 秒）。

（2）焊料和焊剂要适量。

（3）防止焊接点上的焊锡任意流动。

（4）在焊接点上焊料尚未完全凝固时，不应移动焊板上的被焊器件或导线，否则焊接点要变形，出现虚焊现象。

（5）不应烫伤周围的元器件及导线，必要时可先暂时移动影响焊接的导线或元器件位置，焊接后再恢复。

（6）及时做好焊接后的清除工作，特别是焊接时掉下的焊渣，防止落入产品内带来隐患。

3.4.4　有特殊要求的焊接

1. 有机材料铸塑元件接点的焊接

焊接此类接点时应注意以下几点：

（1）元件预处理时要一次镀锡成功。

（2）焊接时烙铁头要修理得尖一些，不得碰相邻接点，在任何方向不要对接线片旋加压力。

（3）焊剂量要少，防止浸入电接触点。

2. 场效应管的焊接

场效应管的输入阻抗很高，电烙铁稍有漏电就能使其损坏。焊接时可使用电烙铁加热后断电，然后再焊接。如采用内热式电烙铁，在接地良好的情况下也可带电直接焊接。若管子有管脚短路线则应在焊接后才能打开。测试时，印制电路板通有工作电源，万万不可焊接场效应管，一定要切断电路电源方可焊接或拆焊。

3. 集成电路的焊接

焊接集成电路时应注意以下几点：

（1）工作台上若铺有橡皮、塑料等易于积累静电的材料，则芯片和印刷板等不宜放在台面上。

（2）烙铁应修整得窄一些，并有良好的接地保证，内式用 20W，外热式不高于 30W，最好采用烙铁断电，用余热焊接，必要时要采取人体接地措施。

（3）若引线是镀金处理的，不要用刀刮，只需用酒精擦洗或用绘图橡皮擦干净即可。对 CMOS 电路若事先已将各引线短路，焊前不要拿掉短路线。

（4）集成电路若不使用插座而直接焊到印制板上，安全焊接顺序为：地端、输出端、电源端、输入端。

3.5 焊接后清洗

焊接时使用的焊剂，在焊接过程中不可能全部发挥干净，如果不及时清洗，往往会粘附灰尘，吸收潮气，腐蚀印制线路板和元件，同时也影响绝缘性能。所以一个完整的焊接过程都必须包括清洗工艺。

清洗方法分液相清洗和气相清洗两大类。

3.5.1 液相清洗法

用可溶解焊剂残留物和污物的液体溶液剂（如去离子水、无水酒精和汽油等）去溶解、中和及稀释残留焊剂、污物的方法叫液相清洗法。它分为手工、滚刷和宽波溢流三种操作方法，而手工清洗法又可分成蘸擦法和刷洗法两种。

3.5.2 气相清洗法

气相清洗法是利用低沸点的溶剂（如氟里昂、三氯三氟乙烷等）在蒸气挥发时清洗印制线路板焊剂残留物的方法。使用时要有专用密封设备，防止溶剂散失和回收，同时应避免清洗液进入线路板正面及非密封器件内部。该方法设备要求高、费用贵、操作严格，目前很少用。

3.6 元器件的拆焊

在电子产品的制作和维修中，有时需要更换元器件。拆除已焊好元器件的过程称为拆焊。拆焊元器件和导线的基本要求是避免损坏原器件和原焊接点。

拆焊的常用工具有电烙铁、吸锡器、镊子、尖嘴钳和桶针（可用大头针代替）等。

印刷电路板上的一般焊点，如电阻、电容、二极管、三极管等元器件的拆焊，只需用电烙铁甩掉焊锡，沾上松香，在焊点上加温，等锡溶化后，用镊子或尖嘴钳拆下元器件一端焊接点的引线，然后拔出元件。

对于插焊在印刷电路板上多焊脚的元器件，如集成块、中周、输入 输出变压器、可变电容器等。由于焊接点多而密，通常采用集中拆焊法，即先用电烙铁和吸锡器将焊点上的焊锡逐个吸掉，将元器件引线与焊盘分离，最后拔出元器件。

拆焊操作时，注意力要集中，加热要迅速，动作要快，用力不要过猛。

3.7　焊点质量检查

焊点的质量检查分外观检查和通电检查两步，而且以外观检查为主。

外观检查除了目测焊点是否明亮、平滑，焊料量是否充足并成裙状拉开外，还要检查以下几点：漏焊、焊料拉尖、焊料引起导线间短路、导线与元器件绝缘的损伤、布线整形和焊料飞溅等。检查时不但用目测，而且还要指触、镊子拨动、拉线等，看看导线有无断线、焊盘是否剥离等缺陷。

通电检查必须在外观检查及连线无误后方可进行，否则将出现损坏仪器设备，造成安全事故的危险。

下面分析常见点的缺陷，如表 3-1 和表 3-2 所示。

表 3-1　接线端子上焊导线时常见缺陷

虚焊	焊锡上吸
芯线过长	断线
焊锡浸过外皮	甩线
外皮烧焦	芯线散开

表 3-2　印刷线路板上焊接常见的缺陷

焊点缺陷	外观特点	危害	原因分析
焊咪缺陷	焊料面呈凸形	浪费焊料，且可能包藏缺陷	焊丝撤离过迟
焊料过少	焊料未形成平滑面	机械强度不足	焊丝撤离太早
松香焊	焊缝中夹有松香渣	强度不足，导通不良，有可能时通时断	（1）加焊剂过多，或已失效 （2）焊接时间不足，加热不足 （3）表面氧化膜未去除
过热	焊点发白，无金属光泽、表面较粗糙	焊盘容易剥落强度降低	烙铁功率过大，加热时间过长
冷焊	表面呈豆腐渣状、颗粒有时可有裂纹	强度低、导电性不好	焊料未凝固前焊件抖动
浸润不良	焊料与焊件交界面接触过大，不滑	强度低，通或时通时断	（1）焊件清理不干净 （2）助焊剂不足或质量差 （3）焊件未充分加热
不对称	焊锡未流满焊盘	强度不足	（1）焊料流动性不好 （2）助焊剂不足或质量差 （3）加热不足
松动	导线或元器件引线可移动	导通不良或不导通	（1）焊锡未凝固前引线移动造成空隙 （2）引线未处理好（浸滑差或不浸滑）

续表

焊点缺陷	外观特点	危害	原因分析
拉尖	出现尖端	外观不佳,容易造成桥接现象	(1)助焊剂过少,而加热时间过长 (2)烙铁撤离角度不当
桥接	相邻导线连接	电气短路	(1)焊锡过多 (2)烙铁撤离方向不当
针孔	目测或低倍放大镜可见有孔	强度不足,焊点容易腐蚀	焊盘孔与引线间隙太大
汽泡	引线根部有时有喷火式焊料隆起,内部有空洞	暂时导通,但长时间容易引起导通不良。	引线与孔间隙过大或引线浸滑性不良
剥离	焊点剥落（不是铜箔落）	断路	焊盘镀层不良

焊点的正确形状如图 3-19 所示。

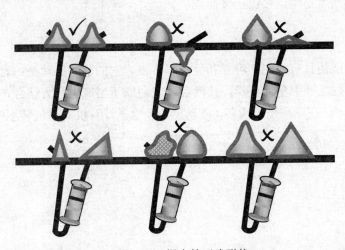

图 3-19　焊点的正确形状

3.8　无锡焊接

无锡焊接是焊接技术的一个组成部分，包括压接、绕接、熔焊、导电胶粘接和激光沓等。它的特点是不需要焊料与焊剂即可实现可靠的连接，因而解决了清洗困难和焊接面易氧化的问题，该方法近年来得到推广和使用，下面就目前使用较多的压接和绕接两种无锡焊接方法分别加以介绍。

3.8.1　压接

压接分冷压接和热压接两种，目前使用较多的为冷压接。压接是借助控制挤压力和金属位移，使连接器触脚或端子与导线实现连接。压接使用的工具是压接钳，将导线端头放入压接触脚或端头焊片中用力压紧，即可获得可靠的连接。压接触脚专门用来连接导线，有多种规格可供选用。压接导线端头时可加尼龙套，如图 3-20 所示。

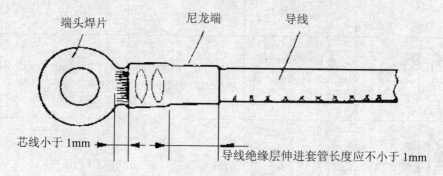

图 3-20　导线端头冷压接示意图

压接技术的主要特点是：操作简便、适宜在任何场合使用、生产效率高、成本低、不产生有害气体、清洁无污和维护方便等。目前它的应用范围很广泛。维修电工实习中，安装工艺所用连接导线就是用压接钳压接而成的。

3.8.2　绕接

与锡焊相比，绕接具有方便、可靠和经济等优点。它的基本原理是：对两个金属表面施加足够的压力，使之产生塑性变形，使两金属表面原子层产生强力结合，达到牢固连接的目的。近年来该方法在一些电子设备、通讯设备及电子计算机的整机装配中得到了应用。

第4章 半导体收音机

4.1 无线电波及无线电广播

4.1.1 无线电基础

1. 声音及其传播

（1）声音。声音是由物体的机械振动产生的，能发声的物体叫做声源。声源振动的频率有高、有低，这里所说的频率指的是声源每秒振动的次数。人耳能听到的声音频率范围为 20Hz～20kHz，通常把这一范围的频率叫作音频，有时也称为声频。

（2）声音的传播。在声波传播的过程中，由于空气的阻尼作用，声音的大小将随着传播距离的增大而减小，所以声音不能直接向很远的地方传送。声音可以用有线广播的方式进行传送，有线广播的传送方式如图 4-1 所示。图中，声音首先经过传声器变成音频信号，然后送入音频放大器对音频信号进行电压放大和功率放大，经过放大后的音频信号再经导线送入扬声器，还原成声音放出。

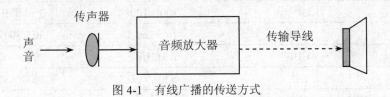

图 4-1　有线广播的传送方式

2. 电磁波与无线电波

通过物理学的电磁现象可知，在通入交流变化电流的导体周围会产生交流变化的磁场，交流变化的磁场在其周围又会感应出交流变化的电场；交流变化的电场又在其周围产生交流变化的磁场……这种变化的磁场与变化的电场不断交替产生，并不断向周围空间传播，这就是电磁波。我们常见的可见光以及看不见的红外线、远红外线、紫外线、各种射线及无线电波都是频率不同的电磁波，无线电波只是电磁波中的一小部分。

无线电波的频率范围很宽，不同频率的无线电波的特性是不同的。无线电波按其频率（或波长）的不同可划分为若干个波段，一般常把分米波和米波合称为超短波，把波长小于 30cm 的分米波和厘米波合称为微波无线电波，按波长不同分成长波、中波、短波、超短波等。不同的波段有不同的用途。例如，中波段的 150～415kHz（波长 2000～723m）和 550～1500kHz（波长 545～200m）规定专门用来做中波广播；超 60MHz 专门用来做电视广播。短波的 3.5～4MHz、7～7.3MHz、14～14.35MHz、21～21.45MHz、26.96～27.23MHz

和 28～29MHz 专门用来做业余通信。

　　无线电波按波段划分及其主要用途如表 4-1 所示，无线电波段按十进制划分如表 4-2 所示。

表 4-1　无线电波段划分和主要用途

波段	波长	频率	主要用途
长　波	30000～3000m	10～100kHz	超远程无线电通信和导航
中　波	3000～200m	100～1500kHz	无线电广播
中短波	200～50m	1500～6000kHz	电报通信，业余者通信
短　波	50～10m	6～30MHz	无线电广播，电报通信，业余通信
米　波	10～1m	30～300MHz	无线电广播，电视广播，无线电导航，业余通信
分米波	1～0.1m	300～3000MHz	电视广播，雷达，无线电导航，无线电接力通信
厘米波	0.1～0.01m	3000～30000MHz	
毫米波	0.01～0.001m	30000～300000MHz	

表 4-2　十进制无线电波段划分

波段	简写	波长范围	频率范围
甚低频	VLF	30000～10000m	10～30kHz
低　频	LF	10000～1000m	30～300kHz
中　频	MF	1000～100m	300～3000kHz
高　频	HF	100～10m	3～30MHz
甚高频	VHF	10～1m	30～300MHz
超高频	UHF	1～0.1m	300～3000MHz
过高频	SHF	0.1～0.01m	3000～30000MHz

4.1.2　无线电广播系统

1. 无线电广播的基本原理

　　无线电广播所传递的信息是语言和音乐，语言和音乐的频率很低，通常在 20～20000Hz 的范围内。低频无线电波如果直接向外发射时，需要足够长的天线，而且能量损耗也很大。例如，对于 1000Hz 的语音信号，如果用λ/4 天线直接辐射，相应的天线尺寸应为 75km。因此，实际上音频信号是不能直接由天线来发射的。所以，无线电广播要借助高频电磁波才能把低频信号携带到空间中去。无线电广播是利用高频的无线电波作为"运输工具"，首先把所需传送的音频信号"装载"到高频信号上，然后再由发射天线发送出去。

　　为了有效地实现音频信号的无线传送，在发射端需要将信号"记载"在载波上。在接收端，需要将信号从载波上"取"下来。这一过程称为调制与解调。能够携带低频信号的等幅高频电磁波叫做载波。载波的频率叫做载频。例如，中央人民广播电台其中一个频率是 640kHz，这个频率指的就是载频。

无线电广波制式分为调幅制和调频制。

调制：一个正弦波高频信号有幅度、频率和相位三个主要参数，调制就是使高频信号的三个主要参数之一随音频信号的变化规律而变化的过程。其中，高频信号称为载波，音频信号称为调制信号，调制后的信号称为已调波。

调幅制：指使高频载波的幅度随音频信号的变化规律而变化，而高频载波的频率和相位不变。调幅波的波形如图 4-2（c）所示，高频调幅波的幅度与音频信号瞬时值的大小成正比例变化，已调波振幅的包络（图中虚线部分）与音频信号的波形完全一致，包含了音频信号的所有信息。

调频制：指使高频载波的频率随音频信号的变化规律而变化，而高频载波的幅度和相位不变。调频波的波形如图 4-2（d）所示，调频波的幅度是不变的，而高频载波的频率发生了变化。当音频信号的幅度增大时，调频波的瞬时频率也随之升高；当音频信号的幅度增大到峰顶时，调频波的瞬时频率也随之升高到最高频率。反之，当音频信号的幅度减小时，调频波的瞬时频率也随之降低；当音频信号的幅度减小到波谷时，调频波的瞬时频率也随之降低到最低频率。当音频信号的幅度过零点时，调频波的瞬时频率为载波的基本频率。调频波瞬时频率的变化反映了音频信号幅度的变化规律。

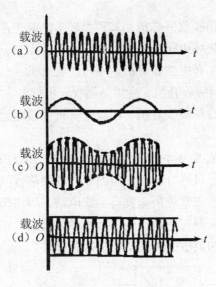

图 4-2　调幅信号、调频信号

2. 无线电广播发射基本过程

在无线电广播的发射过程中，声音信号经传声器转换为音频信号，并送入音频放大器，音频信号在音频放大器中得到放大，被放大后的音频信号作为调制信号被送入调制器。高频振荡器产生等幅的高频信号，高频信号作为载波也被送入调制器。在调制器中，调制信号对载波进行幅度（或频率）调制，形成调幅波（或调频波），调幅波和调频波统称为已调波。已调波再被送入高频功率放大器，经高频功率放大器放大后送入发射天线，向空间发射出去。

3. 无线电广播接收基本过程

收音机作为无线电广播的接收终端，其基本工作过程就是无线电广播发射的逆过程。收音机的基本任务是将空间传来的无线电波接收下来，并把它还原成原来的声音信号。收音机通过调谐回路，选择出所需要的电台信号，由检波器从已调制的高频信号中还原出低频信号。还原低频信号的过程叫做检波，或者叫做解调。解调是调制的反过程。由检波器或鉴频器还原出来低频信号，经过音频放大器放大，最后由扬声器放声。

无线电广播的传输过程如图4-3所示。

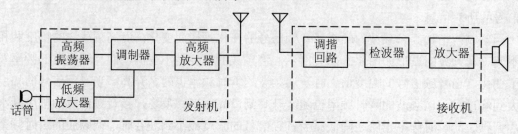

图4-3　发射机和接收机原理框图

4.1.3　收音机

收音机作为无线电广播接收终端机，其种类较多，其中：按电子器件划分，有电子管收音机、半导体收音机、集成电路收音机等；按电路特点划分，有高放式收音机、超外差式收音机等；按波段划分，有中波收音机、中短波收音机、长中短波收音机等；按调制方式划分，有调幅收音机、调频收音机、高频高幅收音机；按等级划分，有特殊性级收音机、一级收音机、二级收音机、三级收音机、四级收音机；按电源划分，有交流收音机、直流收音机、交直流收音机。

（1）高放式收音机。如图4-4所示为晶体管高放式四管收音机电路结构图。高放式收音机在检波前，对高频信号只进行放大，检波后，音频信号经过低频放大送到扬声器。为了充分发挥晶体管的潜力，常常还用来复再生式电路。所谓来复，是指同一个晶体管既作高频放大器，又作低频放大器。所谓再生，是指用正反馈电路把高频放大器输出信号部分送回到输入端，使放大器的灵敏度和选择性都得到提高。

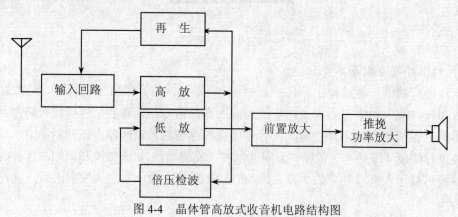

图4-4　晶体管高放式收音机电路结构图

（2）超外差式收音机。超外差式收音机在检波之前，先进行变频和中频放大，检波后，音频信号经过低频放大送到扬声器。所为外差，是指输入信号和本机振荡信号产生一个固定中频信号的过程。

由于超外差收音机有中频放大器，对固定中频信号进行放大，所以该收音机的灵敏度和选择性可大大提高，但同时也附带产生中频干扰和假象干扰。

（3）调幅收音机。用来接收调幅制广播节目。其解调过程是用检波器对已调幅高频信号进行解调，电路结构如图 4-5 所示。调幅收音机一般工作在中波、短波或长波波段。

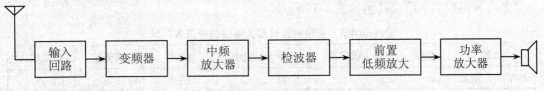

图 4-5　调幅收音机原理框图

（4）调频收音机。用来接收调频制广播节目。其解调过程是用鉴频器对已调频高频信号进行解调。调频信号在传输过程中，由于各种干扰，使振幅产生起伏，为了消除干扰的影响，在鉴频器前，常用限幅器进行限幅，使调频信号恢复成等幅状态，电路结构如图4-6 所示。调频收音机一般工作在超短波波段，其抗干扰能力强、噪声小、音频频带宽，音质比调幅收音机好。高保真收音机和立体声收音机都是调频收音机。

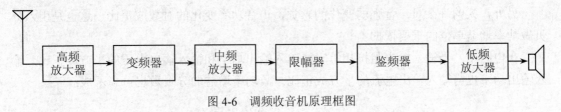

图 4-6　调频收音机原理框图

4.1.4　收音机性能及指标

1. 分贝

分贝是指衡量信号增益和衰减的单位。信号在传输过程中，对于具有放大作用的电路，如放大器，信号通过该电路其信号的功率会得到放大；对于具有衰减作用的电路，如检波器，信号通过该电路其信号的功率会受到损耗。信号功率的放大和衰减的大小可以用功率放大倍数来表示，功率放大倍数等于输出功率与输入功率的比值，即：

$$功率放大倍数 = \frac{输出功率}{输入功率}$$

在通信和广播系统中，信号功率的放大和衰减常常用分贝数表示，分贝数等于信号的输出功率与输入功率比值的对数的 10 倍。用分贝数表示信号功率的放大和衰减，通常叫做功率增益和功率衰减，正分贝值表示功率增益，负分贝值表示功率衰减。

$$分贝数=10\log\frac{输出功率}{输入功率}$$

分贝单位表示符号为 dB。

例如一个放大器，其输入功率为 0.001W，输出功率 0.1W，用功率放大倍数表示为 100 倍，用分贝数表示为+40dB。又如一个检波器，输入功率为 0.1W，输出功率为 0.002W，用功率放大倍数表示为 0.02 倍，用分贝数表示为-17dB。

用分贝数来表示信号功率的放大和衰减量，其优点在于计算、读数和记忆的方便。例如多级收音机放大电路，其值如表 4-3 所示。

表 4-3　多级收音机放大电路的分贝数

级数	变频	第 I 级中放	第 II 级中放	检波	前置低放	功率放大
功率放大倍数	630	400	1000	0.01	10000	320
分贝数	28	26	30	-20	40	25

用功率放大倍数表示整机总功率放大倍数，即　630×400×1000×0.01×10000×320=8064000000000（倍）

可见计算麻烦，记忆和读书不便。

用分贝数表示整机总功率增益，即 28+26+30+(-20)+40+25=129dB，可见用分贝数来表示功率的增益和衰减比用功率放大倍数表示方便得多。

另外，人的耳朵对声音强弱变化的感觉，声音功率变化的对数成正比。这也是引入分贝做功率增益单位的重要依据。

在电路中，当输入输出阻抗相等时，输入输出功率和输入输出电压的平方成正比，输入输出功率也与输入输出电流的平方成正比。故功率增益的分贝数也可表示成：

$$分贝数=20\log\frac{输出电压}{输入电压}$$

$$分贝数=20\log\frac{输出电流}{输入电流}$$

如果输入输出电阻不相等，上两个式子不能表示功率增益。但它们仍有意义，分别表示电压增益和电流增益。

分贝数还用来表示某种电学量与某一个选定的标准电学量相比的数值。例如收音机的选择性、假象波道衰减、中波道衰减等；声学中的声强级等，也用分贝来表示。

2. 电平

电平表示电学量（电压、电流、功率）相对大小的参数。当规定电学量某一个数值作为标准之后，其他数值与这个标准值相比较，可以得到一个相对大小的数值，这个数值就叫做电平值。

电平值可以用百分数和分贝数来表示。例如全电视信号包括同步信号、消隐信号、图像信号等，其中最高信号电压叫做最高电平，也就是最高信号电压的电平是 100%。各种信号的电压和最高信号电压相比，得到的百分数就是该信号的电平。同步信号电平可以达到 100%，消隐信号电平达到 75%，图像信号电平在 15.5%～75% 之间。

用分贝数表示电平值时，单位是分贝（dB），其计算公式为：

$$电平值=10\log\frac{所给功率}{标准功率}$$

$$电平值=20\log\frac{输出电压}{标准电压}$$

$$电平值=20\log\frac{输出电流}{标准电流}$$

电平是一个相对的概念，是相对于参考电平的电平值。电平可用相对电平值 dB 和绝对电平值 dB_0 表示。

3. 零电平

在无线电和通信中，常规定 1mW（毫瓦）作标准功率，即规定 1mW 为功率的零电平点，标作 $0dB_0$。例如 10mW 标作 $10dB_0$，20mW 标作 $13dB_0$，它们都是相对于零电平点的功率电平值。

电压的零电平是指 600Ω 电阻消耗 1mW 功率时电阻两端的电压为 0.775V，即 0.775V 为零电平点，标作 $0dB_0$。

万用表中有一条电压分贝刻度尺，它可以直接读出被测电压的绝对电平值。这条刻度尺是将 0.775V 定作零电平画出来的。如用万用表 100V 电压档测得电压值 77.5V，由上式公式可求得这个电压的电平值：

$$电平值=20\log\frac{77.5}{0.775}=40（dB_0）$$

在万用表分贝刻度尺 77.5V 处是 20 dB，由于用 100V 挡，应该加上 20 dB，故该电压的电平测量值读书为 40 dB_0，与计算值结果相同。

4. 收音机灵敏度

收音机灵敏度是指收音机能够接收微弱电台信号的能力。灵敏度高的收音机能够接收到许多电台，包括一些微弱的远地电台。

信号电压与噪声电压的比叫做信噪比，收音机的灵敏度与信噪比有关。因为收音机天线里，除了感应到需要收听的电台信号外，还会感应到雷电、电机、电器等多种干扰。这些干扰信号会和电台信号一起，由收音机各级放大，最后由扬声器发出噪声，另外收音机本身也会产生噪声，其中第一级电路产生的噪声影响最大。收音机的信噪比一般不小于20dB，我国还增加了 6dB 的灵敏度指标。

收音机灵敏度可用两种方式表示：一种是对使用外接天线或拉杆天线的收音机，用天线端需要输入的高频电压来表示灵敏度，单位是微伏（μV）；另一种是使用磁性天线的收音机，用输入的电场强度来表示灵敏度，单位是 mV/m。灵敏度的数值大，灵敏度低；数值小，灵敏度高。

我国规定，信噪比不小于 20dB 的各级收音机灵敏度标准如表 4-4 所示。信噪比不小于 6 dB 的各级收音机灵敏度标准如表 4-5 所示。

表 4-4　信噪比不小于 20 dB 的各级收音机灵敏度标准

收音机灵敏度		特级	一级	二级	三级	四级
中波：磁性天线不劣于（mV/m）		0.3	0.5	1	1.5	2
拉杆天线 外界天线 }不劣于（μV）		30	50	100	150	200
短波：磁性天线不劣于（mV/m）		0.3	0.5	1	2	
拉杆天线 外界天线 }不劣于（μV）		30	50	100	200	

表 4-5　信噪比不小于 6dB 的各级收音机灵敏度标准

收音机灵敏度	特级	一级	二级	三级	四级
磁性天线不劣于（mV/m）	0.1	0.2	0.4	0.6	1
拉杆天线 外界天线 }不劣于（μV）	10	20	40	60	100

5. 收音机的选择性

收音机的选择性是指收音机挑选电台的能力。收音机周围存在许多电台信号，选择性好的收音机，能够选出需要收听的电台信号，而不让其他电台信号混进来。

收音机选择性的规定：收音机调谐在某一电台频率上，要求收音机输出标准功率（台式 50mW，便携式 10mW，袖珍式 5mW）。如果输入是调谐频率信号，强度很小就能输出标准功率。失谐频率信号与调谐频率信号强度比，用分贝数表示，就叫做收音机的选择性，分贝数值越大，选择性越好。

收音机选择性分成单信号选择性和双信号选择性。单信号选择性是指用一个信号源，分别输入调谐频率信号和失谐频率信号而测得的选择性；双信号选择性是指同时用两个信号源测得的选择性。我国各级超外差式晶体管收音机选择性标准如表 4-6 所示。

表 4-6　各级超外差式晶体管收音机选择性标准（单位：dB）

收音机选择性		特级	一级	二级	三级	四级
单信号	台式和便携式不小于	46	36	26	20	14
	袖珍式不小于			20	16	12
双信号	台式和便携式不小于	36	26	20	14	
	袖珍式不小于			12	8	

6. 收音机假象波道衰减

在超外差式收音机中，本机振荡频率比接收信号频率高 465kHz。本机振荡信号和接收信号经过变频器，产生固定的 465 kHz 中频信号，再由中频放大器放大。如果接收某一个电台时，有一个高于本机振荡频率 465 kHz 的干扰信号（叫做假象干扰或镜像干扰）由于输入回路不良而进入变频器，就会产生一个 465 kHz 的中频信号由中频放大器放大。

假象波道衰减是指收音机抑制假像干扰的能力。一般说，收音机对假象干扰信号的灵敏度是很低的。收音机对假象干扰信号的灵敏度与对接收信号的灵敏度的比，用分贝表示，叫做假象波道衰减。分贝数越大，表示收音机对假象干扰的抑制能力越强。我国各级收音机假象波道衰减标准如表 4-7 所示。

表 4-7　各级收音机假象波道衰减标准（单位：dB）

	特级	一级	二级	三级	四级
中波不小于	26	32	26	20	14
短波 12MHz：不小于	20	12	8	6	
短波 18MHz：不小于	10	6	3		

7. 收音机中频波道衰减

如果一个 465 kHz 中频干扰信号到达输入端，由于输入回路不良而进入变频器，并由中频放大器放大。

中频波道衰减是指收音机抑制中频干扰的能力。一般说，收音机对中频干扰信号的灵敏度应该是很低的。当收音机调谐在 535kHz 的时，对中频干扰的灵敏度与对 535kHz 信号的灵敏度的比，用分贝表示，叫做中频波道衰减。分贝数越大，表示收音机对中频干扰的抑制能力越强。我国各级收音机中频波道衰减标准如表 4-8 所示。

表 4-8　各级收音机中频波道衰减标准（单位：dB）

中频波道衰减	特级	一级	二级	三级	四级
不小于	26	20	14	12	10

8. 收音机失真度

收音机失真度是指收音机输出波形偏离原有波形的程度，即收音机扬声器发出的声音"走样"的程度。一般用频率失真和非线性失真衡量。

（1）频率失真。用收音机的整机频率特性来表示。从收音机天线输入由单频信号调制的高频信号，经过调谐、检波、放大，在输出端输出音频电压。如果保持高频信号幅度不变，改变音频信号的频率，输出的音频电压幅度就会随着改变。二者间的关系叫做整机频率特性曲线或频率响应曲线，如图 4-7 所示。从曲线可以看到，输出音频电压的幅度是不均匀的，在频率段的低端和高端，输出电压幅度会下降得很快。通常预先设定输出电压的不均匀度为某一个分贝值，不超过这个分贝值的频率范围就作为整机的频率特性。

我国规定，输出的音频电压的不均匀度为 10 dB。频率范围：特级台式机不窄于 60～6000Hz，一级台式机不窄于 80～4000Hz，二级便携式机不窄于 200～3500Hz，三级便携式机不窄于 300～3000Hz。

（2）非线性失真。非线性失真是由收音机电路中电容、电感、晶体管等非线性元件产生的。在输出中，不但有输入的音频频率的基波电压，而且有音频频率的谐波电压。谐波电压越大，非线性失真就越大。晶体管收音机在范围内低频失真较大，高频失真较小，要求收音机非线性失真小于 5%～15%。

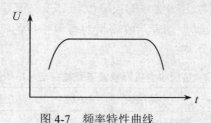

图 4-7　频率特性曲线

9. 收音机的输出功率

收音机的输出功率收音机输出功率分为以下三种：

（1）最大输出功率。最大输出功率是指不考虑失真能够输出的最大功率。简单接收一个本地强电台，音量开到最大，接收的声音大而且难听，这时输出功率大体上就是最大输出功率。最大输出功率指标没有多大的使用价值。

（2）不失真输出功率。不失真输出功率是指非线性失真不大于 10%的情况下，实际输出的功率。

（3）额定输出功率。额定输出功率又叫标称输出功率，是指最低限度应该达到的不失真功率。我国规定收音机的额定输出功率如下：

- 台式收音机中，特级机 2W，一级机 1W，二级机 500mW，三级机 300mW，四级机 150 mW。
- 便携式收音机中，一级机 500mW，二级机 300mW，三级机 150 mW，四级机 100mW。
- 袖珍式收音机中，二、三级机 100mW，四级机 50mW。

10. 声音

物体振动会引起周围的空气交替压缩、膨胀，并且向外传播，这种传播过程叫声波。除空气外，液体和固体都能传播声波。声波在空气中的传播速度，温度在 0℃时为 331.4 米/秒，在 22℃时为 334.8m/s。

声鼓作用在人的耳朵里所引起的感觉叫做声音。声音的频率很宽，但人耳能够听到的频率范围很窄，大约在 20～2000Hz。

11. 声强

声的传播实际上是声能量的传播。在单位时间内同指定方向垂直的单位面积的声能量叫做声强。人耳能够忍受的最大声强，大约在 $1W/m^2$；人耳能够听到的最弱声强，大约在 $10^{-12}W/m^2$。由于人耳能感觉到的声强范围很大，通常用分贝来表示声强。如果 I 表示待测声强，I_0 表示参考声强，则：

$$声强级 = 10\log\frac{I}{I_0}\ dB$$

参考声强 I_0 通常取 10^{-12}W/m^2，即人耳能够听到的最弱的声强。表 4-9 列出各种声源的声强级和声强。

表 4-9　各种声源的声强级和声强

声源	声强级（dB）	声强（W/m^2）
痛觉阀	120	1
铆钉机	95	3.2×10^{-3}
列车	90	10^{-3}
闹市车声	70	10^{-5}
平常谈话	65	3.2×10^{-6}
稳驶汽车	50	10^{-7}
室内的轻声收音机	40	10^{-8}
悄声细语	20	10^{-10}
树叶的沙沙声	10	10^{-11}
听觉阀	0	10^{-12}

人耳能够感觉声强和频率范围是很窄的，听觉阀以下的声音，人耳是听不到的，痛觉阀以上的声音，人会感觉不舒服，甚至耳痛。人耳对频率很低的声音和频率很高的声音灵敏度都很低，声强很大才能听到，但对 1000～3000 Hz 的声音灵敏度却很高，声强很小就能听到。

4.2　HX108-2 AM 收音机及性能指标

4.2.1　产品介绍

实习所制作成品为一台七管中波段调幅制超外式收音机，采用全硅管标准二级中放电路，用两只二极管正向压降稳定电路，稳定从变频、中放到前置低放级的工作电压，不会因电池电压降低而影响接收灵敏度。它具有体积小、外观美、音质清晰、声音宏亮、携带方便等优点。

4.2.2　性能指标

（1）频率范围：525～1605kHz。

（2）中频频率：465kHz。

（3）电源：DC3V。

（4）扬声器：ϕ57mm　8Ω。

（5）输出功率：50mW。

（6）灵敏度：≤2mV/m。

（7）信噪比：>20dB。

4.2.3　超外差调幅收音机的工作原理

1. 工作方框图（如图 4-8 所示）

超外差收音机的主要工作特点是：采用了"变频"措施。输入回路从天线接收到的信号中选出某电台的信号后，送入变频级，将高频已调制信号的载频降低成一固定的中频（对各电台信号均相同），然后经中频放大、检波、低放等一系列处理，最后推动扬声器发出声音。这一"变频"措施，是超外差收音机性能得以改善的关键，也是分析超外差收音机"重点"。

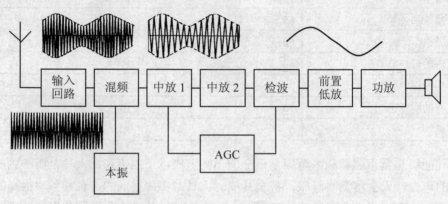

图 4-8　超外差调幅收音机工作原理框图

2. 工作原理

HX108-2 调幅式收音机原理图如图 4-9 所示，由输入回路、变频级、中放级、检波级、前置低频放大级和功率放大级组成，装配图如图 4-10 所示。图中 VD_1、VD_2（IN4148）组成 1.3V±0.1V 稳压，固定变频级、一中放级、二中放级、低放级的基极电压，稳定各级工作电流，以保持灵敏度。由 VT_4（9018）三极管 PN 结用作检波。R_1、R_4、R_6、R_{10} 分别为 VT_1、VT_2、VT_3、VT_5 的工作点调整电阻，R_{11} 为 VT_6、VT_7 功放级的工作点调整电阻，R_8 为中放的 AGC 电阻，TB_3、TB_4、TB_5 为中周（内置谐振电容），既是放大器的交流负载又是中频选频器，该机的灵敏度、选择性等指标靠中频放大器保证。TB_6、TB_7 为音频变压器，起交流负载及阻抗匹配的作用。

（1）输入回路也叫调谐回路，它由磁棒天线、调谐线圈和 $C_{1\text{-}A}$ 组成。磁棒具有聚集无线电波的作用，并在变压器 TB_1 的初级产生感应电动势；同时也是变压器 TB_1 的铁芯。调谐线圈与调谐电容 $C_{1\text{-}A}$ 组成串联谐振电路，通过调节 $C_{1\text{-}A}$，使串联谐振回路的谐振频率与欲接收电台的信号频率相同，这时，该电台的信号将在串联谐振回路中发生谐振，使 TB_1 初级两端产生的感生电动势最强，经 TB_1 耦合，将选择出的电台信号送入变频级电路。由于其他电台的信号及干扰信号的频率不等于串联谐振回路的谐振频率，因而在 TB_1 初级两端产生的感生电动势极弱，被抑制掉，从而达到选择电台的作用。对调谐回路要求效率高、选择性适当、波段覆盖系数适当，在波段覆盖范围内电压传输系数均匀。

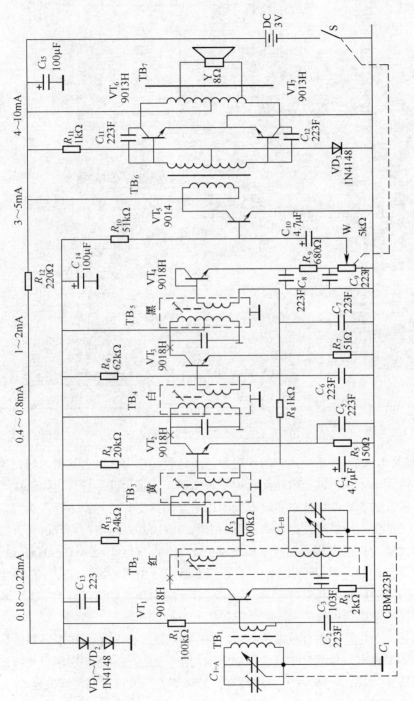

图 4-9　HX108-2 调幅式收音机原理图

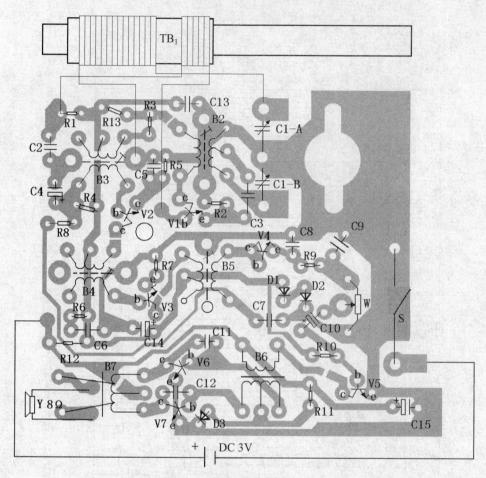

图 4-10　HX108-2 调幅式收音机装配图

（2）变频级由 VT_1 管承担，它的作用是把所接收的已调高频信号与本级振荡信号进行变频放大，得到 465kHz 固定中频。它由变频电路、本振电路和选频电路组成。变频电路是利用了三极管的非线性特性来实现混频的作用，因此变频管静态工作点选得很低，让发射结处于非线性状态，以便进行频率变换。由输入调谐回路选出的电台信号 f_1 经 TB_1 耦合进入变频放大器 VT_1 的基极，同时本振电路的本振信号 f_2（$f_2=f_1+465kHz$）经 C_3 耦合进入混频放大器 VT_1 的发射极，f_1 与 f_2 在混频放大器 VT_1 中实现混频，在 VT_1 集电极输出得到一系列新的混频信号，其中只有 $f_2-f_1=465kHz$ 的中频信号可以通过 TB_3 中周的选频电路（并联谐振）并得到信号放大，其他混频信号被抑制掉。

本振电路是一个共基组态自激振荡电路，TB_2 的初级线圈与 C_{1-B} 组成并联谐振回路，经 VT_1 放大的本振输出信号通过 TB_2 次级耦合到初级，形成正反馈，实现自激振荡，得到稳幅的 f_2 本振信号。本振信号频率 f_2 与预接收信号频率 f_1 是通过双联可调电容 C_1 来实现频率差始终保持为 465kHz。

选频电路由中周（黄、白、黑）完成，中周的中频变压器初级线圈和其并联电容组成并联谐振电路，谐振频率固定 465kHz，同时作为本级放大器的负载。只有当本级放大器输出的 465kHz 中频信号才能在选频电路中产生并联谐振,使本级放大器的负载阻抗达到最大,从而得到中频信号的选频放大;对其他频率信号通过选频电路的阻抗很小,几乎被短路抑制掉。选频放大后的 465kHz 中频信号经中频变压器耦合到下一级输入。

在调谐时,本机振荡频率必须与输入回路的谐振频率同时改变,才能保证变频后得到的中频信号频率始终为 465kHz,这种始终使本机振荡频率比输入回路的谐振频率高465kHz 的方法叫做统调或跟踪。要达到理想的统调必须使用两组容量不同,片子的形状不同的双联可调电容。实际中,常常使用两组容量相同的双联可调电容,在振荡回路和谐振回路中增加垫整电容和补偿电容,做到三点统调。即在整个波段范围内,找高、中、低三个频率点,做到理想统调,其余各点只是近似统调。三点统调对整机灵敏度影响不大,因此得到广泛的应用。

(3)中频放大电路是由 VT_2、VT_3 两级中频放大电路组成,它的作用是对中频信号进行选频和放大。第一级中频放大器的偏置电路由 R_4、R_8、VT_4、R_9、W 组成分压式偏置,R_5 为射极电阻,起稳定第一级静态工作点的作用,中周 TB_4 为第一级中频放大器的选频电路和负载;第二级中频放大器中 R_6 为固定偏置电阻,R_7 为射极电阻,中周 TB_5 为第二级中频放大器的选频电路和负载。第一级放大倍数较低,第二级放大倍数较高。中频放大器是保证整机灵敏度选择性和通频带的主要环节。对中频放大器主要要求是:①合适稳定的频率;②适当的中频频带;③足够大的增益。

(4)检波级由 VT_4 三极管检波和 C_8、C_9、R_9 组成的 π 型低通滤波器和音量电位器 W组成。它是利用三极管的一个 PN 结的单向导电性,把中频信号变成中频脉动信号。脉动信号中包含直流成分、残余的中频信号及音频包络三部分。利用由 C_8、C_9、R_9 构成 π 型滤波电路滤除残余的中频信号。检波后的音频信号电压降落在音量电位器 W 上,经电容 C_{10}耦合送入低频放大电路。检波后得到的直流电压作为自动增益控制的 AGC 电压,被送到受控的第一级中频放大管(VT_2)的基极。检波电路中要注意三种失真,即频率失真、对角失真和负峰消波失真。

(5)AGC 自动增益控制:R_8 自动增益控制电路 AGC 的反馈电阻,C_4 作为自动增益控制电路 AGC 的滤波电容。检波后得到的直流电压作为自动增益控制的 AGC 电压,被送到受控的第一级中频放大管(VT_2)的基极。当接收到的信号较弱时,使收音机具有较高的高频增益;当接收到的信号较强时,又能使收音机的高频增益自动降低,从而保证中频放大电路高频增益的稳定,这样既可避免接收弱信号电台时音量过小(或接收不到),也可避免接收强信号电台时音量过大(或使低频放大电路由于输入信号过大而产生阻塞失真)。其控制过程如下:

1)静态时,当收音机没有接收到电台的广播时,VT_2(受控管)的集电极电流 I_{C2} 为0.2~0.4mA。第一级中放管具有最高的 β 值,中放电路处于最高增益状态。

2)当收音机接收较弱信号电台的广播时,中放电路输出信号的电压幅度较小,检波后产生的 U_{AGC} 也较小。当负极性的 U_{AGC} 经 R_8 送至 VT_2 的基极时,将使 VT_2 的基极电压略有下降、基极电流略有减小。由于 U_{AGC} 也较小,所以 I_{C2} 将在 0.4mA 的基础上略有减小,使第一级中放管仍具有较高的 β 值,第一级中放电路处于增益较高的状态,检波电路输出的音频信号电压幅度仍能达到额定值，不会有明显的减小。

3）当收音机接收较强信号电台的广播时，中放电路输出信号的幅度较大，检波后产生的 U_{AGC} 也较大。当负极性的 U_{AGC} 经 R_8 送至 VT_2 的基极时，将使 VT_2 的基极电压下降、基极电流减小。由于 U_{AGC} 较大，I_{C2} 将在 0.4mA 的基础上大幅度下降，使第一级中放管 β 值减小，第一级中放电路的增益随之减小，检波电路输出的音频信号电压幅度基本维持在额定值，不致有明显的增大。

（6）前置低放级由 VT_5、固定偏置电阻 R_{10} 和输入变压器初级组成。检波器输出音频信号经过音量电位器和 C_{10} 耦合到 VT_5 的基极，实现音频电压放大。本级电压放大倍数较大，以利于推动扬声器。

（7）功率放大级由 VT_6、VT_7 和输入、输出变压器组成推挽式功率放大电路，它的任务是将放大后的音频信号进行功率放大，推动扬声器发出声音。

（8）由 VD_1、VD_2 正向串联组成高频集电极电源电压为 1.35V 左右；由 R_{12}、C_{14}、C_{15} 组成电源退耦电路，目的是防止高低频信号通过电源产生交连，发出自激啸叫声。

概括起来，调幅收音机工作过程为：磁性天线感应到高频调幅信号，送到输入调谐回路中，转动双连可变电容 C_1 将谐振回路谐振在要接收的信号频率上，然后通过 TB_1 感应出的高频信号加到变频级 VT_1 的基级，混频线圈 TB_2 组成本机振荡电路所产生的本机振荡信号通过 C_3 注入 VT_1 的发射极。本机振荡信号频率设计比电台发射的载频信号频率高 465kHz，两种不同频率的高频信号在 VT_1 中混频后产生若干新频，再经中周 TB_3 选频电路选出差频部分，即 465kHz 的中频信号并经 TB_3 的次级耦合到 VT_2 进行中频放大，放大后的中频信号由 TB_5 耦合到检波三极管 VT_4 进行检波，检波出的残余中频信号通过低通滤波器滤掉残余中频后，音频电流在电位器 W 上产生压降并通过 C_{10} 耦合到 VT_5 组成的前置低频放大器，放大后的音频信号经过输入变压器 TB_6 耦合到 VT_6、VT_7 组成功放电路实现功率放大，最后推动扬声器发出声音。

4.2.4　装配

1. 装配前的准备

（1）对照原理图（如图 4-9 所示）看懂接线图（装配图）（如图 4-10 所示），认识图上的符号与实物对照。

（2）按材料清单清点零部件（如表 4-10 所示）。

表 4-10　元件、结构件明细

元件位号目录				结构件清单		
位号	名称规格	位号	名称规格	序号	名称规格	数量
R_1	电阻 100kΩ	C_{11}	元片电容 0.022μF	1	前框	1
R_2	电阻 2kΩ	C_{12}	元片电容 0.022μF	2	后盖	1
R_3	电阻 100Ω	C_{13}	元片电容 0.022μF	3	周率板	1
R_4	电阻 20kΩ	C_{14}	电解电容 100μF	4	调谐盘	1

续表

元件位号目录				结构件清单		
位号	名称规格	位号	名称规格	序号	名称规格	数量
R_5	电阻 150Ω	C_{15}	电解电容 100μF	5	电位盘	1
R_6	电阻 62kΩ	TB$_1$	磁棒 B5×13×55	6	磁棒支架	1
R_7	电阻 51Ω		天线线圈	7	印制电路板	1
R_8	电阻 1kΩ	TB$_2$	振荡线圈（红）	8	正极片	2
R_9	电阻 680Ω	TB$_3$	中周（黄）	9	负极簧	2
R_{10}	电阻 51kΩ	TB$_4$	中周（白）	10		
R_{11}	电阻 1kΩ	TB$_5$	中周（黑）	11	调谐盘螺钉	
R_{12}	电阻 220Ω	TB$_6$	输入变压器（兰、绿）		沉头 M2.5×4	1
R_{13}	电阻 24kΩ	TB$_7$	输出变压器（黄、红）	12	双联螺钉	
W	电位器 5kΩ	VD$_1$	二极管　IN4148		M2.5×5	2
C_1	双联 CBM223P	VD$_2$	二极管　IN4148	13	机芯自攻螺钉	
C_2	元片电容 0.022μF	VD$_3$	二极管　IN4148		M2.5×6	1
C_3	元片电容 0.01μF	VT$_1$	三极管　9018H	14	电位器螺钉	1
C_4	电解电容 4.7μF	VT$_2$	三极管　9018H		M1.7×4	
C_5	元片电容 0.022μF	VT$_3$	三极管　9018H	15	正极性导线（9cm）	1
C_6	元片电容 0.022μF	VT$_4$	三极管　9018H	16	负极性导线（10cm）	1
C_7	元片电容 0.022μF	VT$_5$	三极管　9014C	17	扬声器导线（10cm）	2
C_8	元片电容 0.022μF	VT$_6$	三极管　9013H	18	电路图元件清单	1
C_9	元片电容 0.022μF	VT$_7$	三极管　9013H			
C_{10}	电解电容　4.7μF	Y	$2\frac{1}{2}$ 扬声器 8Ω			

（3）根据技术指标测试各元件的主要参数（如表 4-11 所示）。

表 4-11　各元件主要参考

类别	测量内容	万用表量程
电阻 R	电阻值	×10Ω、×100Ω、×1kΩ
电容 C	电容绝缘电阻	×10kΩ
三极管 hfe	晶体管放大倍数　9018H（97-146） 9014C（200-600）、9013H（144-202）	hfe
二极管	正、反向电阻	×1kΩ
中周	 初次级为无穷大	×1Ω

续表

类别	测量内容	万用表量程
输入变压器 （兰色）	90Ω 90Ω ┃ 220Ω	×1Ω
输出变压器 （红色）	90Ω 90Ω ┃ 0.4Ω 1Ω 0.4Ω　自耦变压器 无初次级	×1Ω

（4）检查印制板（如图 4-11 所示），看是否有开路、短路、隐患。

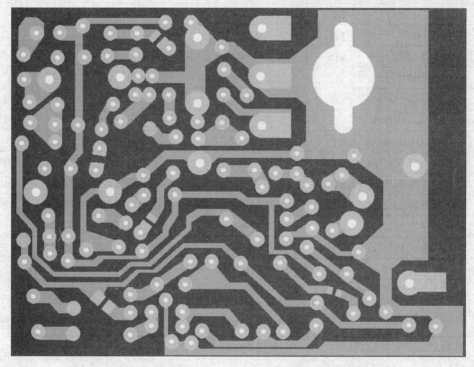

图 4-11　HX108-2 调幅式收音机印制板示图

（5）将所有元器件引脚上的漆膜、氧化膜清除干净，然后进行搪锡（如元件引脚未氧化则省去此项），根据图 4-12 要求将电阻、二极管弯脚。

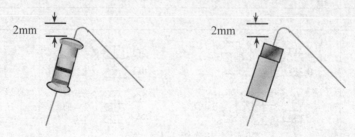

图 4-12　将电阻和二极管弯脚

2. 元件插件、焊接

（1）按照装配图正确插入元件，其高低、极性应符合图纸规定。

（2）焊点要光滑，大小最好不要超出焊盘，不能有虚焊、搭焊、漏焊。

（3）注意二极管、三极管的极性，如图 4-13 所示。

图 4-13　二极管和三极管

（4）输入（绿或兰色）TB$_6$ 变压器和输出（红或黄色）变压器 TB$_7$ 位置不能插装反。

（5）红中周 TB$_2$ 插件外壳应弯脚焊牢，否则会造成卡调谐盘。

元器件焊接步骤为：①电阻、二极管；②元片电容（注：先装焊 C$_3$ 元片电容，此电容装焊出错，本振可能不起振）；③晶体三极管（注：先装焊 VT$_6$、VT$_7$ 低频功率管 9013H，再装焊 VT$_5$ 低频管 9014H，最后装焊 VT$_1$、VT$_2$、VT$_3$、VT$_4$ 高频管 9018H）；④混频线圈、中周、输入输出变压器（注：混频线圈 TB$_2$ 和中周 TB$_3$、TB$_4$、TB$_5$ 对应调感芯冒的颜色为红、黄、白、黑，输入、输出变压器颜色为绿色、兰色或黄色）；⑤电位器、电解电容（注：电解电容极性插装反会引起短路）；⑥双联、天线线圈；⑦电池夹引线、喇叭引线。

注意： 每次焊接完一部分元件均应检查一遍焊接质量及是否有错焊、漏焊，发现问题及时纠正，这样可保证焊接收音机的一次成功而进入下一道工序。

3. 组合件准备

（1）将电位器拔盘装在 K4-5K 电位器上，用 M1.7×4 螺钉固定。

（2）将磁棒按图 4-14 套入天线线圈及磁棒支架。

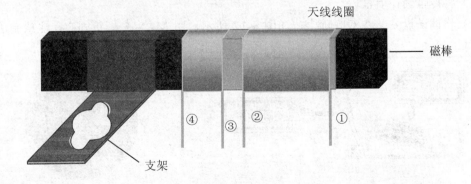

图 4-14　组合件

（3）将双联 CBM-223P 插装在印刷电路板元件面，将天线组合件上的支架放在印刷电路焊接面的双联上，然后用 2 只 M2.5×5 螺钉固定，并将双联引脚超出电路板部分弯脚后焊牢。

（4）天线线圈①端焊接于双联 C_{1-A} 端，②端焊接于双联中点地，③端焊接于 VT_1 基极（b），④端焊接于 R_1 与 C_2 公共点（如图 4-10 所示）。

（5）将电位器组合件焊接在电路板指定位置。

4. 前框准备

（1）将负极弹簧、正极片安装在塑壳上。如图 4-15 所示，焊好连接点及黑色、红色引线。

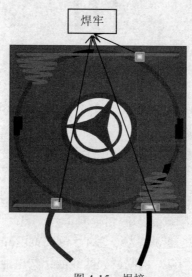

图 4-15　焊接

（2）将周率板反面双面胶保护纸去掉，然后贴于前框，注意要贴装到位，并撕去周率板正面保护膜。

（3）将 YD57 喇叭安装于前框，用一字小螺丝批靠带钩固定脚左侧，利用突出的喇叭定位圆弧的内侧为支点，将其导入带钩压脚固定，再用烙铁热铆三只固定脚，如图 4-16 所示。

（4）将拎带套在前框内。

（5）将调谐盘安装在双联轴上，如图 4-17 所示，用 M2.5×5 螺钉固定，注意调谐盘指示方向。

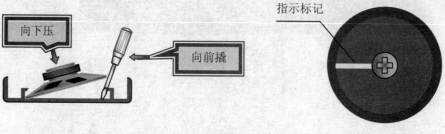

图 4-16　固定　　　　　　　　　　　图 4-17　装入

（6）按图纸要求分别将二根白色或黄色导线焊接在喇叭与线路板上。

（7）按图纸要求将正极（红）负极（黑）电源线分别焊在线路板的指定位置。

（8）将组装完毕的机芯按照图 4-18 装入前框，一定要到位。

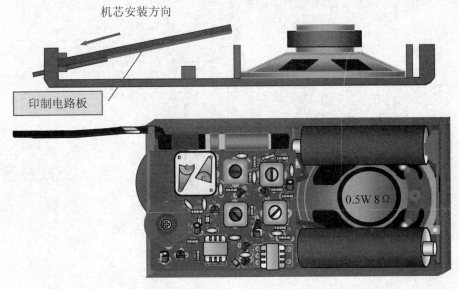

图 4-18　装机芯

4.2.5　调试

1. 静态工作点的测试

收音机装配焊接完成后，检查元件有无装错位置，焊点是否有脱焊、虚焊、漏焊，所焊元件有无短路或损坏。发现问题要及时修理、更正。装上电池，合上电源开关，用万用表进行整机工作点测量，测量方法有电流法和电压法。在测量整机总电流和用电压法测试时，印制板焊接面上 5 个测试跳点必须用导线或焊锡连通。

（1）测量电源电压，VD_1、VD_2 上高频部分集电极电源电压和整机静态总电流。安装好两节 5 号电池或加 3V 直流电压，用万用表直流电压档测试电源电压应在 3V 左右，VD_1、VD_2 上高频部分集电极电源电压应在 1.35V 左右；用万用表直流电流档（100mA）串联在开关电位器两端（此时开关在关位置）电流应为 ≤25mA。

（2）用万用表电压档测量各级静态工作点电位，参考值为：V_{C1}、V_{C2}、V_{C3}=1.35V 略低，V_{C4}=0.7V 左右，V_{C5}=2V 左右，V_{C6}、V_{C7}=2.4V 左右。也可测量各级静态工作点的开口电流，其值范围如图 4-7 所示。在测量各级静态工作的点开口电流时，应将该级集电极跳点打开，把直流电流表串入集电极支路中进行测试。

如检测满足以上要求，即可收台试听。

2. 系统调试

（1）三点统调（跟踪）原理。

超外差式收音机的主要特点之一是它有一个变频级。变频级里有 3 个调谐回路，如图

4-19 所示。一个是信号输入调谐回路，调节这个回路可以选择不同电台的信号频率 f_C；另一个是本机振荡回路，调节这个回路可以改变本机振荡的频率 f_L；另一个是中频选频回路，它调谐于固定的中频 f_P（465kHz）。它们之间的关系是：$f_L - f_C = f_P$，当接受的信号频率改变时，则 f_L 也得相应的改变才能保证上面的条件。

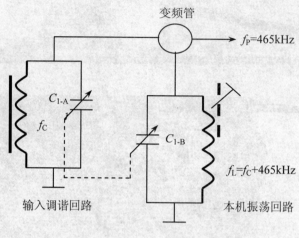

图 4-19　变频原理

　　为了保证变频级固定输出中频频率 465 kHz，要使频率 f_L 和 f_C 同时变化，通常采用同时改变输入调谐回路和本机振荡回路的谐振电容量来实现的，即双联电容器。双联电容器是将两个回路的可变电容的动片连在同一轴上作成单一旋钮统一控制。这种统一调节 C_{1-A} 和 C_{1B} 使变频级输出中频信号频率保持或逼近中频 f_P（465kHz）的过程叫统一调谐。简称统调，也称跟踪调谐。

　　但两个谐振回路的波段覆盖系数 k 不相等，在中波段（535～1605）kHz，它们分别为：

$$k_C = \frac{f_{C\max}}{f_{C\min}} = \frac{1605}{535} = 3$$

$$k_L = \frac{f_{L\max}}{f_{L\min}} = \frac{1605 + 465}{535 + 465} \approx 2$$

　　比较两式可知，两个回路在同一波段内的频率覆盖系数不相等，即它们分别从最低频率变到最高频率时所要求的可变电容变化量不相同。但 C_{1-A} 和 C_{1-B} 实际上是等容同轴的，这就造成了跟踪调谐的困难，即很难做到在整个频率范围内都能相差固定的中频 f_P。当双联电容动片全部旋进时，保持最低端频率跟踪，则双连从 0°旋到 180°过程中，其余各点都不满足 $f_L = f_C + 465$kHz，即只有最低频端一点跟踪，如图 4-20（a）所示；当双联电容动片大致旋进 90°旋转角时，保持频带中点频率跟踪，则双连从 90°旋到 0°和 90°旋到 180°过程中，其余各点都不满足 $f_L = f_C + 465$kHz，即只有频带中点一点跟踪，如图 4-20（b）所示。可见图 4-19 电路只能实现波段覆盖范围内的一点统调。

　　1）两点跟踪。当本机振荡回路中只并联一个电容 C_2，如图 4-21（a）所示。当双连全部旋进，C_{1-B} 电容量最大，而电容器 C_2 容量较小，因此对谐谐振回路影响不大；当双连全部旋出（即 C_{1-B} 容量最小仅 10pF 左右）时，并联电容 C_2 对谐振回路的作用很大，它使谐振回路的高端谐振频率明显降低，如图 4-21（a）曲线所示，可实现 a、b 两个统调点。当在本机振荡回路中串联一个大电容器 C_{DZ}，如图 4-21（b）所示。当双连全部旋出（C_{1-B} 容量最小），串联电容 C_{DZ}（$>>C_{1-B}$）对回路的影响不大；当双连全都旋进（C_{1-B} 容量最大），C_{DZ} 将使回路的低端谐振频率明显升高，如图 4-21（b）中曲线所示，也能实现 a、b 两个统调点。可见图 4-21 电路均只能实现波段覆盖范围内的两点统调。

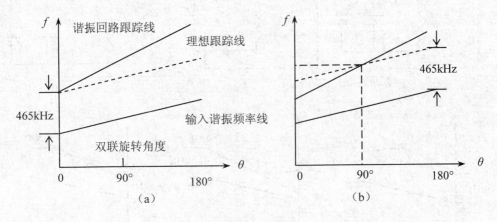

图 4-20　一点跟踪

2）三点跟踪。为了能使双连电容器在 0～180°的转动角范围内，同时满足两个回路的波段覆盖，通常采用三点统调方法。在本振回路中串联一个固定电容 C_{DZ}（常取 300pF），俗称垫整电容；再并联一个可变电容 C_2（常取 5～30pF 的微调电容），俗称补偿电容，如图 4-21（c）所示。并联在本振回路里的电容 C_2，容值较小，与 C_{1-Bmin} 近似。当本振回路调谐在 f_{Lmin} 时，电容 C_{1-B} 的值大（双连电容动片全部旋进），此时，$C_{1-Bmax}>>C_2$，所以 C_2 对本振回路的低端频率几乎没有影响。但随着双连可变电容器动片旋出，本振回路频率随着升高，C_2 的影响就逐渐显著。由于 C_2 和 C_{1-B} 是并联的，则高端频率将大为减小。所以在波段的高频端，C_2 对回路的影响最大。若 C_2 的数值选得适当（C_2 为半可变电容，可以调节容值大小），则由于 C_2 的作用使本振回路的频率不再随 C_{1-B} 的减小而沿图 4-21（c）中的直线段上升，而是在上升中逐渐减慢，使得高频端跟踪曲线弯曲下移，接近于理想的跟踪曲线（图 4-21（c）中 S 曲线），并与其相交于一点 f_3。串联在振荡回路里的电容 C_{DZ} 垫整电容，容值较大，与 C_{1-Bmax} 相近，当本振频率达到最高时，C_{1-B} 的值最小（双连全部旋出），由于 $C_{DZ}>>C_{1-Bmin}$，所以 C_{DZ} 对本振高端频率几乎没有影响。但当本振频率逐渐下降时，C_{DZ} 的影响就逐渐显著。由于 C_{DZ} 和 C_{1-Bmin} 是串联，则总的回路电容下降，所以本振低端频率将有所上升，其结果本振频率不再随 C_{1-B} 的增大而沿图 4-21（c）中的直线段下降。若 C_{DZ} 选得适当，则可使低端跟踪曲线向上提升变弯，接近于理想跟踪曲线（图 4-21（c）中 S 曲线），并与其相交于一点 f_1。

由图 4-21（c）中的曲线可以看出，在本振回路附加垫整电容 C_{DZ} 和补偿电容 C_b 后，跟踪曲线由直线段变为 S 形曲线，可在 f_1、f_2、f_3 三点实现跟踪调谐。在其他频率上，虽不能完全实现跟踪调谐，但跟踪情况大有改善，已能满足变频的要求。

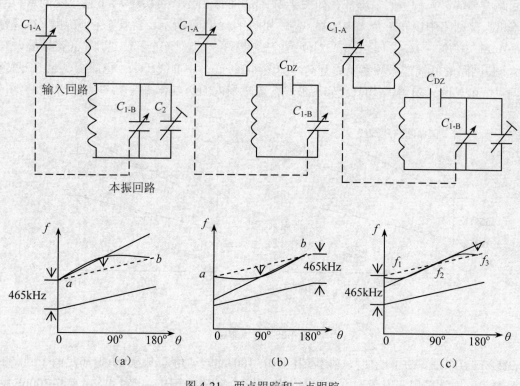

图 4-21　两点跟踪和三点跟踪

（2）统调。由从 HX108-2 收音机电原理图（如图 4-9 所示）可知，本机为两点跟踪（统调）。

1）仪器设备：①直流稳压电源（3V/200mA，或 2 节 5 号电池）；②XFG-7 高频信号发生器；③示波器；④毫伏表 GB-9；⑤圆环天线（调 AM 用）；⑥无感应螺丝批。

2）仪器测试连接如图 4-22 所示。

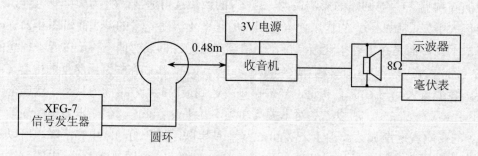

图 4-22　仪器测试连接图

3）调试步骤。

①在元器件装配焊接无误及机壳装配好后，接通电源。

②调整中频频率（仪器连接如图 4-22 所示）。首先将双联旋至最低频率点，XFG-7 信号发生器置于 465kHz 频率处，输出场强为 10mV/m，调制频率 1000Hz，调幅度 30％，收

到信号后，示波器上有 1000Hz 信号波形，用无感应螺丝批依次调节黑－白－黄三个中周，且反复调节，使其输出最大，465kHz 中频即调好。可调整中频频率的目的是调整中频变压器的谐振频率，使它准确地谐振在 465kHz 频率点上，使收音机达到最高灵敏度并有最好的选择。

③覆盖与统调。

覆盖：将 XFG-7 信号发生器置于 520kHz 频率，输出场强为 5mV/m，调制频率 1000Hz，调幅度 30%，收音机双联旋至低端，用无感应螺丝批调节振荡线圈（红中周）磁芯，直至收到信号；再将收音机双联旋至高端，XFG-7 信号发生器置于 1620kHz 频率，调节双联电容振荡联微调电容 C_{2-A}，收到信号后，重复低端、高端调节，直到低端频率 520kHz 和高端频率 1620kHz 均收到信号为止。

统调：将 XFG-7 信号发生器置于 600kHz 频率，输出场强为 5mV/m 左右，拨动收音机调谐旋钮，收到 600kHz 信号后，调节中波磁棒线圈位置，使输出信号最大；然后将 XFG-7 信号发生器置于 1400kHz 频率，拨动收音机调谐旋钮，收到 1400kHz 信号后，调节双联调谐联微调电容 C_{1-A}，使输出信号最大；重复调节 600kHz、1400kHz 统调点，直至两点输出均为最大为止。

4）中频覆盖、统调完成后，收音机可接收到高、中、低端频率电台，且频率与刻度基本相符。此时，安装、调试完成。

3. 没有仪器情况下的调整方法

（1）调整中频频率。这里的中频变压器（中周），出厂时都已调整在 465kHz（一般调整范围在半圈左右），因此调整工作较简单。打开收音机，随便在高端找一个电台，先从 TB_5 开始，然后 TB_4、TB_3 用无感螺丝刀（可用塑料、竹条或不锈钢制成）向前顺序调节，调节到声音响亮为止。由于自动增益控制作用，人耳对音响变化不易分辨的缘故，收听本地电台当声音已调节器到很响时，往往不易调精确，这时可以改收较弱的外地电台或者转动磁性天线方向以减小输入信号，再调到声音最响为止。按上述方法从后向前的次序反复细调二、三遍至最佳即告完成。

（2）调整频率范围（对刻度）

1）调低端。在 550～700kHz 范围内选一个电台。例如中央人民广播电台 640kHz，参考调谐盘指针在 640kHz 的位置，调整振荡线圈 TB_2（红色）的磁芯便收到这个电台，并调到声音较大。这样当双联全部旋进电容容量最大时的接收频率约在 525～530kHz 附近。低端刻度就对准了。

2）调高端。在 1400～1600kHz 范围内选一个已知频率的广播电台，例如 1500kHz，再将调谐盘指针指在周率板刻度 1500kHz 这个位置，调节振荡回路中双联顶部左上角的微调电容（C_{1-B}，如图 4-23 所示），使这个电台在这位置声音最响。这样，当双联全旋出容量最小时，接收频率必定在 1620～1640kHz 附近，高端就对准了。

以上两步需反复 2～3 次，频率刻度才能调准。

（3）统调。利用最低端收到的电台，调整天线线圈在磁棒上的位置，使声音最响，以达到低端统调。利用最高端收听到的电台，调节天线输入回路中的微调电容（C_{1-A}，如

图 4-23 所示）使声音最响，以达到高端统调。

为了检查是否统调好，可以采用电感量测试棒（铜铁棒如图 4-24 所示）来加以鉴别。

（4）测试方法。将收音机调到低端电台位置，用测试棒铜端靠近天线线圈（TB$_1$），如声音变大，则说明天线线圈电感量偏大，应将线圈向磁棒外侧稍移，用测试棒磁铁端靠近天线线圈，如果声音增大，则说明线圈电感量偏小，应增加电感量，即将线圈往磁棒中心稍加移动。用铜铁棒两端分别靠近天线线圈，如果收音机声音均变小，说明电感量正好，则电路已获得统调。

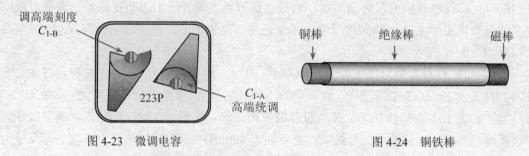

图 4-23　微调电容　　　　　　　　　　图 4-24　铜铁棒

4. 实习组装调整中易出现的问题

（1）变频部分。判断变频级是否起振，用 MF47 型万用表直流 2.5V 档正表棒接 VT$_1$ 发射级，负表棒接地，然后用手摸双联振荡（即连接 TB$_2$ 端），万用表指针应向左摆动，说明电路工作正常，否则说明电路中有故障。变频级工作电流不宜太大，否则噪声大。红色振荡红圈外壳两脚均应折弯焊牢，以防调谐盘卡盘。

（2）中频部分。中频变压器序号位置搞错，结果是灵敏度和选择性降低，有时有自激。

（3）低频部分。输入、输出位置搞错，虽然工作电流正常，但音量很低，VT$_6$、VT$_7$ 集电极（c）和发射极（e）搞错，工作电流调不上，音量极低。

5. HX108-2 型外差式收音机检测修理方法

（1）检测前提。安装正确、元器件无差处、无缺焊、无错焊及塔焊。

（2）检查要领。一般由后级向前检测，先检查低功放级，再看中放和变频级。

（3）检测修理方法。

1）整机静态总电流测量。本机静态总电流≤25mA，无信号时，若大于 25mA，则该机出现短路或局部短路，无电流则电源没接上。

2）工作电压测量，总电压 3V。正常情况下，VD$_1$、VD$_2$ 两二极管电压在 1.3±0.1V，此电压大于 1.4V 或小于 1.2V 时，此机均不能正常工作。大于 1.4V 时二极管 IN4148 可能极性接反或已坏，检查二极管。小于 1.3V 或无电压应检查：①电源 3V 有无接上；②R$_{12}$ 电阻 220Ω 是否接对或接好；③中周（特别是白中周和黄中周）初级与其外壳短路。

3）变频级无工作电流，检查点：①无线线圈次级未接好；②VT$_1$9018 三级管已坏或未按要求接好；③本振线圈（红）次级不通，R$_3$100Ω 虚焊或错焊接了大阻值电阻；④电阻 R$_1$100kΩ 和 R$_2$2kΩ 接错或虚焊。

4）一中放无工作电流，检查点：①VT_2 晶体管坏，或（VT_2）管管脚插错（e、b、c 脚）；②$R_4$20kΩ 电阻未接好；③黄中周次级开路；④$C_4$4.7μF 电解电容短路；⑤$R_5$150Ω 开路或虚焊。

5）一中放工作电流大 1.5～2mA（标准是 0.4～0.8mA），检查点：①$R_8$1kΩ 电阻未接好或连接 1kΩ 的铜箔有断裂现象；②$C_5$233 电容短路或 $R_5$150Ω 电阻错接成 51Ω；③电位器坏，测量不出阻值，$R_9$680Ω 未接好；④检波管 $VT_4$9018 坏，或管脚插错。

6）二中放无工作电流，检查点：①黑中周初级开路；②黄中周次级开路；③晶体管坏或管脚接错；④$R_7$51Ω 电阻未接上；⑤$R_6$62kΩ 电阻未接上。

7）二中放电流太大，大于 2mA，检查点：R_6 62kΩ 接错，阻值远小于 62kΩ。

8）低放级无工作电流，检查点：①输入变压器（蓝）初级开路；②VT_5三级管坏或接错管脚；③电阻 R_{10}51kΩ 未接好或三极管脚错焊。

9）低放级电流太大，大于 6mA，检查点：R_{10}51kΩ 装错，电阻太小。

10）功放级无电流（VT_6、VT_7管），检查点：①输入变压器次级不通；②输出变压器不通；③VT_6、VT_7三极管坏或接错管脚；④R_{11}1kΩ 电阻未接好。

11）功放级电流太大，大于 20mA，检查点：①二极管 VD_4 坏，或极性接反，管脚未焊好；②R_{11}1kΩ 电阻装错了，用了小电阻（远小于 1kΩ 的电阻）。

12）整机无声，检查点：①检查电源有无加上；②检查 VD_1、VD_2（IN4148；两端是否是 1.3V±0.1V）；③有无静态电流≤25mA；④检查各级电流是否正常，变频级 0.2mA±0.02mA；一中放 0.6mA±0.2mA；二中放 1.5mA±0.5mA；低放 3mA±1mA；功放 4mA±10mA（说明：15mA 左右属正常）；⑤用万用表×1Ω 档测查喇叭，应有 8Ω 左右的电阻，表棒接触喇叭引出接头时应有"喀喀"声，若无阻值或无"喀喀"声，说明喇叭已坏（测量时应将喇叭焊下，不可连机测量）；⑥TB_3黄中周外壳未焊好；⑦音量电位器未打开。

13）整机无声，用 MF47 型万用表检查故障方法：用万用表 Ω×1 黑表棒接地，红表棒从后级往前寻找，对照原理图，从喇叭开始顺着信号传播方向逐级往前碰触，喇叭应发出"喀喀"声。当触碰到某一级无声时，则故障就在该级，可用测量工作点是否正常，并检查各元器件有无接错、焊错、塔焊、虚焊等。若在整机上无法查出该元件好坏，则可拆下检查。

4.3　调频收音机

4.3.1　调频广播和接收特点

1. 抗干扰能力强，信噪比高

我们所处的空间是非常复杂的，存在许许多多的干扰，如天电、工业、家用电器等的干扰。对调频广播用的超短波来说，大气的干扰几乎不起作用，也不会有电波衰落现象。在消除噪声干扰方面，调频比调幅更为优越。因此，采用调频方式就可以进行宽带话音传输和高保真的音乐广播。

2. 频带宽，音质好

调频广播使用的是超高频频段，由于其频率高，在绝对频宽一定的情况下，其相对频宽就窄得多。目前规定超高频段的频道间隔为 200kHz。然而同一地区相邻两电台至少应相距 800kHz，因此，调频收音机的通带做到 180～250kHz 是完全可以的。这样，使放声频带可以达到 50～15000Hz，为实现高保真的声音广播奠定了基础。

3. 频道容量大，解决了电台拥挤问题

超短波频段的开发利用率高，可以增加 100 个频道；而且本地的超短波电台对其他地方的电台不会引起干扰，同时受别的电台的干扰也小。因此，只要离数百千米，还可以重复用相同频率。

另外，调频广播还有发射功率小，设备制造、维修方便等优点。

4.3.2 调频收音机的电路构成

调频收音机也是采用超外差方式，它与调幅超外差式收音机的电路结构很相似。一般调频收音机电路都由高频放大器、变频器、中频放大器、限幅器、鉴频器、前置低频放大器、功率放大器及自动频率微调（AFC）等附加电路所组成，如图 4-25 所示。很显然，它与调幅超外差式收音机的方框图相比，多了一个限幅器，检波电路也不一样。由于调频与调幅所采用的频率不同，调制方式也不相同。因此，每级具体电路的原理和性能指标都有许多差异。

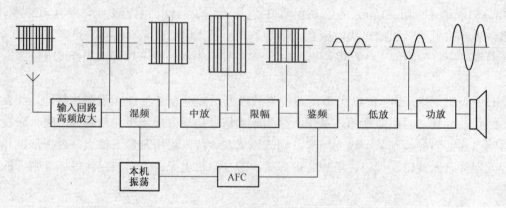

图 4-25 调频收音的方框图

从图 4-23 中所示的波形图来看，高频放大器放大的输入调频波信号的调制频率没有改变。变频级利用了晶体管的非线性作用，把高额放大器送来的信号和本机振荡电路产生的无调制波进行混频。混频的结果得到了 10.7MHz 的中频信号，即完成变频任务。变频的过程是只改变信号的载波频率，而没有改变原来调制信号的内容。10.7MHz 的中频信号经中频放大器放大后送到限幅器。限幅器的作用是切除调频波上的幅度干扰和噪声，使中频信号变成一个等幅的调频波，然后送至鉴频器。鉴频器的功能是将频率变化的信号转变成电压变化信号，即把调频信号变化恢复成音频电压变化信号。所以，鉴频器也常称作频率—

电压变换器。前置低放级和功率放大级与调幅收音机完全相同。

调频收音机的本机振荡频率很高，为了防止由电源电压温度变化而引起的振荡频率漂移，造成失谐，电路中还设有自动频率微调（AFC）电路。为了充分发挥出调频收音机的优点，低频放大电路应尽可能地做到频响宽、失真小、功率裕量大，并配优质的扬声器和音箱，以得到高保真的放声效果。

4.3.3　典型调频收音机电路

1. 调谐器电路

图 4-26 为调频收音机的调谐器电路原理图。它包括输入回路、高频放大器、变频级、本机振荡和自动频率控制（AFC）等部分。

（1）输入回路。由图可见，输入的天线线圈的初级有中心抽头并接地，这可以连接两种天线。一种是外接天线，即 V 型天线或室外天线，其特性阻抗为 300Ω，可以用双线平行电缆加到 L_1 的两端。另一种是不平衡式单根拉杆天线，其特性阻抗为 75Ω。输入回路由电感 L_2 和电容器 C_2 组成，高频信号可以通过电容器 C_3 被耦合到 VT_2 的基极和发射极。这是普及式收音机里常采用的宽带不调谐输入方式，这种结构简单、调谐可变电容器只要用双连就行了，即其一连用于高放输出回路，一连用于本振回路。这样，高放输入阻抗和天线阻抗均较低。致使输入回路的有载 Q_L 值很低（$Q_L<10$），所以通频带可以大于调频广播的频率范围（20MHz），因此，只要使回路谐振于波段之中，灵敏度可以做到较均匀。

（2）高频放大器。VT_1 是高频放大管，这里采用共基电路：这种接法在甚高频下，比共发射极电路具有较多的优点。晶体管在共基极状态下的截止频率 f_1 比共发射极的截止频率 f_2 高得多；共基极电路内反馈小，工作稳定可靠，能给出较高的稳定功率增益；共基极状态输入阻抗较低，容易与天线阻抗匹配。高放管 VT_1 的负载为一个可变的调谐回路，它由双连可变电容器中的一连 C_{1A} 微调电容器 C_6，补偿电容器 C_5 和高频线圈 L_3 组成。改变 C_{1A} 的容量就可使高放回路谐振在欲接收的电台频率上，从而选出欲接收的电台信号 C_{1A} 从最大旋到最小（指容量时），频率从低端 87MHz 变到高端 108MHz。C_{1A} 并联的电容器 C_5、C_6 保证了在高频端与振荡器的频率统调。R_1 为发射极稳定电阻，并为晶体管提供直流通路，R_2 为基极限流电阻，它的一端和固定偏置电压 B 相连接。高放管 VT_1 的直流工作电流一般调在 $0.8\sim1.5$mA 范围。R_3 用来减小管子 VT_1 的输出阻抗变化对槽路的影响，并可防止自激。R_3 一般取 $50\sim200\Omega$，这里取 100Ω，R_3 取值过大会降低高频放大器的增益。C_3 为旁路电容器，为输入信号加到 VT_1 的基—射极提供了最短的通路，C_4 为基极旁路电容器。

还需要说明的是：在甚高频下，较小的电容量就能提供足够低的容抗 $\dfrac{1}{\omega C}$。因此在甚高频电路中，旁路电容器的容量一般用得不大（数千 pF），而且最好采用瓷介电容器，不能用纸介或电解电容器（因甚高频下，有不可忽视的分布电感）。电源滤波采用扼流圈（L_6、L_7）比滤波电阻要好，因为扼流圈是用漆包线绕在磁芯上制成的，其交流阻抗（ωL）很大，而直流电阻很小，其损耗小，又使滤波效果好。

（3）变频电路。变频管 VT_2，既作本机振荡器，又作混频器。高频输入信号经匹配耦合电容器 C_7 加到 VT_2 的发射极。C_{12} 为反馈电容器，它将输出端的一部分能量反馈到输入端，以维持振荡，并且将本机振荡的信号注入到变频管的输入端，与高放送来的信号一起送入变频管，变频后的中频信号，通过输出端的中频变压器（T_1、T_2）选取送到中频放大器去，从而完成变频任务。C_{13}、C_{14} 和中频变压器 T_1、T_2 的线圈组成变频管的负载回路，即第一中频双调谐回路。其初级与本振回路相串联，该中频回路对振荡频率呈现很低阻抗，可视入短路。另一方面，振荡回路对中频来说，阻抗很小，也可视为短路。因此，这两个回路能各自独立工作，互相影响很小。L_4 和 C_8 构成中频陷波器，10.7MHz 时呈现串联谐振，使变频器输入端的中频输入阻抗很低，从而避免了由中频反馈而引起的中频自激，提高了变频器的增益。然而，它对高频信号频率和本振频率又处于失谐状态，起到高频扼流作用。R_4 为 VT_2 的发射极电阻，并为晶体管提供馈电通路。R_6 为其基极偏置电阻，C_9 为基极旁路电容器。C_8 除了作中频陷波器串联谐振回路电容外，还兼作 R_4 的高频旁路电容器，其容量一般为 300～1000pF，与 L_4（$L_4 = \dfrac{1}{\omega^2 C_8}$）统筹考虑。由于它又是谐振回路的一部分，要选用云母电容器。L_4 还为发射极提供了直流通路。C_7 的选择很重要，它使高频放大器与变频器之间达到匹配，还关系到电路的稳定性，C_7 容量过小容易引起电路自激振荡，过大则使增益下降，一般取 3～4.7pF 为宜。

（4）本机振荡回路。本机振荡回路由 L_5、C_{1b}、C_{10}、C_{11} 组成。与 C_{12} 和变频管的输入电容组成三点式振荡器。维持振荡所需的反馈能量，通过 C_{12} 提供。这种电路在甚高频下工作稳定，容易起振，电阻 R_5 的作用是保证振荡电压在波段内均匀。

（5）自动频率控制（AFC）。AFC 电路是由 VD_3、C_{15}、R_7 和 C_{16} 构成的。其中变容二极管 VD_3 通过耦合电容 C_{15} 跨接于本机振荡回路的两端，R_7 为隔离电阻，C_{16} 是滤波电容。变容二极管 VD_3 的电容量是随其两极间所加的反向偏压而变化的。AFC 控制电压来自鉴频器的输出端，经电解电容器滤除交流成分，最后只将直流成分送到 AFC 的输入端。当收音机准确调谐时，鉴频器输出的直流电压为零；当本机振荡器由于某种原因（如温度、湿度、电源电压等）而改变时，振荡频率就会发生漂移，假定振荡频率升高，那么中频频率也升高，此时鉴频器送出的直流控制电压不再为零，而是为正零点几伏的电压，此电压经 C_{16} 滤波后通过 R_7；加到变容二极管上，使变容二仅管的反偏压减小，导致容量变大。因变容二极管通过 C_{15} 跨接在振荡回路两端，使振荡回路的频率下降，从而避免了原来振荡频率的上升。

AFC 具有捕捉和牵引输入信号的功能，牵引范围一般为 ±100kHz。有的收音机带有 AFC 开关，使用时为避免过失谐，应先断开关，待调准了电台后，再接通 AFC 开关，这样便可长时间地保持收音机工作在准确的调谐状态。若希望接收一个强电台附近的弱电台信号时，应该断开 AFC 开关，否则 AFC 将牵引收音机离开弱台至强台上，使弱台信号接收不到。

（6）晶体管和工作电流的选择。调频机中的高放管和变频管一般选截止频率大于600MHz、高频噪声系数及反馈电容小的晶体管。硅管比锗管的反馈电容小，截止频率高，漏电流小，因此硅管比锗管的有用功率增益高，工作稳定可靠。本电路选用的是 3DG204 型塑封管，价格也较便宜；也可选用 3DGllB、3DG32D 等型号管。从稳定增益出发，高放级管工作电流选 1.5mA 左右，但考虑到管子的噪声，实际工作电流为 0.8～1.5mA。变频级根据增益和振荡电压在波段内的均匀性，一般也选为 0.8～1.5mA，此时振荡电压约 100mV。

2. 中频部分电路

中频部分电路包括三级中频放大器和鉴频器。三级放大器采用两个单调谐回路和一个双调谐回路；鉴频部分带有去加重网络和 AFC 供电电路。整个电路如图 4-27 所示。

（1）中频放大器。调频机的中频放大器也是决定灵敏度和选择性等指标的关键部分，其中放级要求增益尽量高。主要原因是为了提高限幅性能，以便提高整机的信噪比和调幅抑制比，加宽有效带宽和减小失真，并改善俘获特性等。因此，在较高档的调频机中，中放级数较多，增益做得很高。但普及型收音机中，中放只有三级。本电路的中频变压器电感线圈，未全接入集电极回路，为了提高负载阻抗，采用抽头接入。C_{22} 和 C_{26} 是中和电容器。C_{24} 和 C_{27} 是旁路电容器，使中频信号能直接送到 VT_4 和 VT_5 的基极和发射极间。各中放管集电极串联的电阻 R_{11}、R_{13} 和 R_{16} 用来减小晶体管对调谐回路参数的影响。因为信号大小变化，特别是大信号限幅时，由于管子的工作状态和参数发生较大变化，即使管子的输入阻抗有较大的变化，会引起回路失谐。这些电阻还有消除寄生自激的作用，使放大器稳定性提高，但增益也会有一定损失。有的在调谐回路上还并接一只二极管，其作用是在大信号输出电压时，使其适当导通，阻抗变小，这样回路 Q 值降低，通频带变宽，可以减小因管子参数变化引起调谐回路失谐的影响。

（2）鉴频器。此电路的鉴频器采用的是比例鉴频器。它是由 VT_5、T_5、T_6、VD_6、VD_7 等构成的。因其有限幅作用，省去了中放电路的限幅器。VT_5 的负载电路有两个特殊连接的初次级谐振回路。初级为 L_1、C_{29}，次级由 L_2、C_{30} 以及第三线圈 L_3 组成。L_3 直接统在 L_1 上，一端接到次级线圈 L_2 的中心抽头上，另一端接到 C_{31} 和 C_{32} 的接点 E。这样，加在极管 VD_6 和 VD_7 上的电压 U_{D6}、U_{D7} 为第三线圈上的电压加上或减去第二线圈上电压的一半，而鉴频器的输出电压（由 E、O 间取出）只取决于两只二极管上电压的比值。当输入信号的频率变化时，$\dfrac{U_{D6}}{U_{D7}}$ 的值随着变化，输出电压也随着变化。然而，当输入信号的幅度变化时 U_{D6}、U_{D7} 的大小虽然也改变，但是两个二极管上的电压比值不变，因此输出电压与输入信号幅度的变化无关，这就起到限幅作用，从而有效地抑制了窜入的脉冲和噪声干扰。检出的音频信号从 R_{22} 端输出，残余的中频信号被 C_{34}、C_{35} 滤除，R_{19} 和 R_{20} 是 VD_6 和 VD_7 的直流负载电阻。电阻 R_{17}、R_{16} 用来减小 L_2 线圈抽头的不对称和二极管特性的不平衡。大电容 C_{33} 具有限幅作用，因为它的容量较大（10μF），短时间的幅度变化在它上面反应不出来。电阻 R_{21} 用来减小寄生调幅的影响，电阻 R_{22} 和电容 C_{35} 是去加重网络，用来衰减预加重时所抬高的影响，使之恢复平坦特性，同时噪声也随之衰减，从而提高厂整机的信噪比。

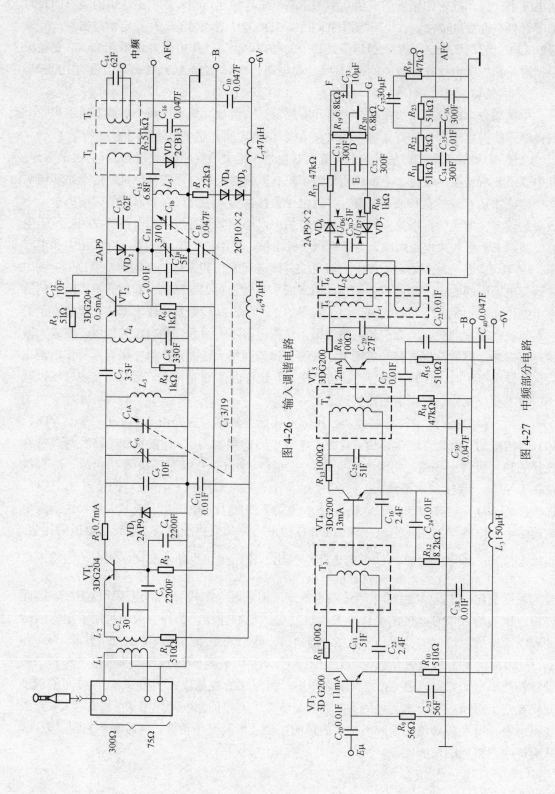

图 4-26 输入调谐电路

图 4-27 中频部分电路

（3）晶体管及工作电流的选择。中频和鉴频用的晶体管，应选择 $f_T \geqslant 100MHz$ 的高频管，如 3DG200、3DGllB 等。中放各级的工作电流为 1～2mA。各谐振回路电容 C_{21} 和 C_{25} 值均取得较小（51pF）。这样回路电感可以相对大一些，以提高谐振阻抗，得到较高的中频增益。中频变压器用 NX-40 磁芯，$Q \geqslant 100$。鉴频器中用的二极管要选用正向电阻小、特性一致的两个锗管，如 2AP9 等。

3．低频放大部分电路

调频收音机的低频放大电路与调幅收音机原理相同，包括前置放大和功率放大。由于调频收音机具有良好的高保真性能，信噪比高，噪声小，声道输出分为单声道和立体声双声道。单声道输出时用一个耳机或喇叭，立体声双声道输出时，在鉴频器后需增加一个立体声解调器，分离出两个音频通道来推动两个喇叭，形成立体声音。

4.4　HX203 AM/FM 调幅/调频收音机（集成电路）

4.4.1　产品介绍

HX203 调频调幅收音机是以一块日本索尼公司生产的 CXA1191M 单片集成电路芯片为主体、加上少量外围元件构成的微型低压收音机。

CXA1191M 包含了 AM/ FM 收音机从天线输入至音频功率输出的全部功能。

该电路的推荐工作电源电压范围为 2～7.5V，$U_{CC}=6V$，$R_L=8\Omega$ 时的音频输出功率为 500mW。

电路内除设有调谐指示 LED 驱动器、电子音量控制器之外，还设有 FM 静噪功能。因在调谐波段未收到电台信号时，内部增益处于失控而产生的静噪声很大，为此，通过检出无信号时的控制电平，使音频放大器处于微放大状态，从而达到静噪的作用。

CXA1191M 采用 28 脚双列扁平封装，管脚排列如图 4-28 所示。

4.4.2　工作原理分析

HX203 AM/FM 调幅/调频收音机电原理图如 4-29 所示。

（1）调幅（AM）部分。中波调幅广播信号由磁棒天线线圈 T_1 和可变电容 C_0，微调电容 C_{01} 组成的调谐回路选择，送入 IC 第 10 脚。本振信号由振荡线圈 T_2 和可变电容 C_0，C_{04} 微调电容及与 IC 第 5 脚的内部电路组成的本机振荡器产生，并与由 IC 第 10 脚送入的中波调幅广播信号在 IC 内部进行混频，混频后产生的多种频率的信号，经过中频变压器 T_3（包含内部的谐振电容）组成的中频选频网络及 465kHz 陶瓷滤波器 CF$_2$ 双重选频，得到的 465kHz 中频调幅信号耦合到 IC 第 16 脚进行中频放大，放大后的中频信号在 IC 内部的检波器中进行检波，检出的音频信号由 IC 的第 23 脚输出，进入 IC 第 24 脚进行功率放大，放大后的音频信由 IC 第 27 脚输出，推动扬声器发声。

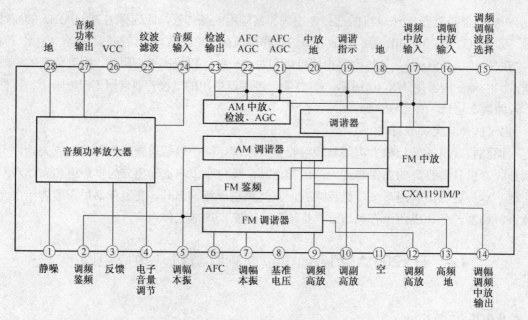

图 4-28 管脚排列

（2）调频（FM）部分。由拉杆天线接收到的调频广播信号，经 C_1 耦合，使调频波段以内的信号顺利通过并到 IC 的第 12 脚进行高频放大，放大后的高频信号被送到 IC 的第 9 脚，接 IC 第 9 脚的 L_1 和可变电容 C_0，微调电容 C_{03} 组成调谐回路，对高频信号进行选择在 IC 内部混频。本振信号由振荡线圈 L_2 和可变电容 C_0，微调电容 C_{02} 与 IC 第 7 脚相连的内部电路组成的本机振荡器产生，在 IC 内部与高频信号混频后得到多种频率的合成信号由 IC 的第 14 脚输出，经 R_6 耦合至 10.7MHz 的陶瓷滤波器 CF_3 得到的 10.7MHz 中频调频信号经耦合进入 IC 第 17 脚 FM 中频放大器，经放大后的中频调频信号在 IC 内部进入 FM 鉴频器，IC 的第 2 脚外接 10.7MHz 鉴频滤波器 CF_1。鉴频后得到的音频信号由 IC 第 23 脚输出，进入 IC 第 24 脚进行放大，放大后的音频信号由 IC 第 27 脚输出，推动扬声器发声。

（3）音量控制电路。由电位器 R_P50kΩ调节 IC 第 4 脚的直流电位高低来控制收音机的音量大小。

（4）AM/FM 波段转换电路。由电路图可以看出当 IC 第 15 脚接地时，IC 处于 AM 工作状态；当 IC 第 15 脚与地之间串接 C_7 时，IC 处于 FM 工作状态。波段开关控制电路非常简单，只需用一只单刀双掷（1×2）的开关，便可方便地进行波段转换控制。

（5）AGC 和 AFC 控制电路。CXA1191M 的 AGC（自动增益控制）电路由 IC 内部电路和接于第 21 脚、第 22 脚的电容 C_9、C_{10} 组成，控制范围可达 45dB 以上。AFC（自动频率微调控制）电路由 IC 的第 21 脚、第 22 脚所连内部电路和 C_3、C_9、R_4 及 IC 第 6 脚所连电路组成，它能使 FM 波段收频率稳定。

CXA1191M 集成芯片极限参数（如表 4-12 所示）。

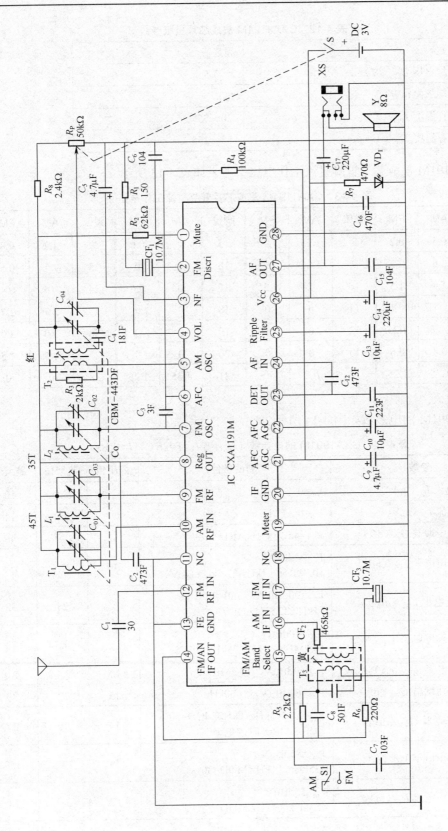

图 4-29 HX203 AM/FM 调幅调频收音机电原理图

表 4-12　CXA1191M 集成芯片极限参数

参数	额定值
电源电压 U_{CC}（V）	2～7.5
功耗 P_o（mW）	700
工作温度 T_{opr}（℃）	-20～75
储存温度 T_{stg}（℃）	-55～155

CXA1191M 集成芯片管脚直流工作电压参考表如表 4-13 所示。

表 4-13　CXA1191M 集成芯片管脚直流工作电压

脚位	AM	FM	脚位	AM	FM	脚位	AM	FM	脚位	AM	FM
1	0.5	0.2	8	1.25	1.25	15	0	0.6	22	1.2	0.8
2	2.6	2.2	9	1.25	1.25	16	0	0	23	1.1	0.5
3	1.4	1.5	10	1.25	1.25	17	0	0.6	24	0	0
4	0～1.2	0～1.2	11	0	0	18	0	0	25	2.7	2.7
5	1.25	1.25	12	0	0.3	19	0	0	26	3.0	3.0
6	0.4	0.6	13	0	0	20	0	0	27	1.5	1.5
7	1.25	1.25	14	0.2	0.5	21	1.35	1.25	28	0	0

CXA1991M 的电参数如图 4-14 所示。

表 4-14　CXA1991M 的电参数（U_{CC}=6V，T=25℃，f=1kHz）

参数	测试条件	最小值	典型值	最大值
AM 静态电流 I_Q（mA）	V_{in}=0（AM）		3.5	10
FM 静态电流 I_Q（mA）	V_{in}=0（FM）		7.0	14
FM 高放电压增益 G_{vl}（dB）	V_{in1}=4dBμV.100MHz	32	39	46
FM 检波输出电平 V_{D1}（mV）	V_{in3}=4dBμV 10.7MHz（1kHz.22.5kHz.DEV）	39	77.5	155
FM-IF 限幅电平 V_{D2}（dB μV）	V_{in3}=90dBμV（-3dB 点） （1kHz.22.5kHz.DEV）		24	32
FM 检波输入失真 THD_1（%）	V_{in3}=90dBμV 10.7MHz（1kHz.75kHz.DEV）		0.3	20
FM 调谐表电流 I_{B1}（mA）	V_{in}=60dBμV，10.7MHz	1.8	3.5	7.0
AM 高放电压增益 G_{V2}（dB）	V_{in2}=60dBμV，1660kHz	15	22	29
AM-IF 电压增益 G_{V3}（dBμV）	V_{in3} 为 445kHz（kHz.MOD=30%） 输出-34dBm 时的电平	14	20	27
AM 检波输出电平 V_{D3}（mV$_m$）	V_{in3}=85dBμV 455kHz（1kHz.MOD=30%）	39	77.5	159
AM 调谐表头电流 I_{B2}（mA）	V_{in}=85dBμV 455kHz（1kHz.MOD=30%）	1.3	3.0	7.0

续表

参数	测试条件	最小值	典型值	最大值
AM 检波输出失真 THD_2（%）	V_{in2}=95dBµV　U_{CC}=7.8V 1600kHz（1kHz.MOD=30%）		0.6	2.0
音频电压增益 G_{V4}（dB）	V_{in}=60dBµV.107MHz V_{in4}=30dBm.1kHz	27	31.6	36
音频失真 THD（%）	V_{in4}=20dBm.1kHz　10.7MHz P_0=50mW.V_{in3}=60dBµV		0.3	2.5
静噪电平 V_{D4}（dB）	P_0=50mW.V_{in3}=OFF V_{in4}=-20dBm.1kHz	8	15	22

4.4.3　装配

　　HX203 AM/FM 调幅/调频收音机装配工艺和方法与 HX108-2 调幅收音机相似，可参考前述内容，装配图如 4-30 所示，材料明细如表 4-15 所示。

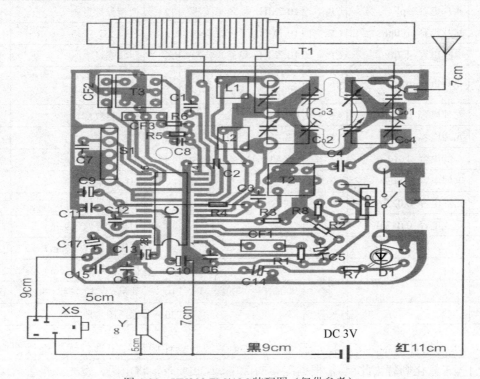

图 4-30　HX203 FM/AM 装配图（仅供参考）

表 4-15　元件、结构件明细

元器件位号目录				结构件清单		
位号	名称规格	位号	名称规格	序号	名称规格	数量
R_1	电阻 150Ω	C_{13}	电解电容　10µF	1	前框	1
R_2	电阻 6kΩ	C_{14}	电解电容　220µF	2	后盖	1

续表

元器件位号目录				结构件清单		
位号	名称规格	位号	名称规格	序号	名称规格	数量
R_3	电阻 2kΩ	C_{15}	元片电容 0.1μF	3	周率板	1
R_4	电阻 100kΩ	C_{16}	元片电容 0.047μF	4	调谐盘	1
R_5	电阻 2.2kΩ	C_{17}	电解电容 220μF	5	电位盘	1
R_6	电阻 220Ω	TB$_1$	磁棒 B5×13×55	6	磁棒支架	1
R_7	电阻 470 Ω		天线线圈	7	印制电路板	1
R_8	电阻 2.4kΩ	TB$_2$	振荡线圈（红）	8	正极片	2
R_P	电位器 50kΩ	TB$_3$	中周（黄）	9	负极簧	2
C_0	四联 CBM-443DF	L_1	4.5T（调谐线圈）	10	拉杆天线	
C_1	元片电容 30pF	L_2	3.5T（振荡线圈）		沉头 M2.5×5	1
C_2	元片电容 0.047μF	D_1	发光二极管	11	拉杆天线压簧片	1
C_3	元片电容 3pF	CF$_1$	10.7MHz 鉴频滤波器	12	调谐盘螺钉	
C_4	元片电容 180pF	CF$_2$	10.7MHz 三端滤波器		沉头 M2.5×5	1
C_5	电解电容 4.7μF	CF$_3$	10.7MHz 陶瓷滤波器	13	四联螺钉	
C_6	元片电容 0.1μF	S_1	AM/FM 1×2 单刀双掷开关		M2.5×5	2
C_7	元片电容 0.01μF	XS	Φ3.5 耳机插孔	14	机芯自攻螺钉	
C_8	元片电容 500pF	YD57	$2\frac{1}{2}$ 扬声器 8Ω		M2.5×6	1
C_9	电解电容 4.7μF	IC	CXA1191M 集成芯片	15	电位器螺钉	
C_{10}	电解电容 10μF				M1.7×4	1
C_{11}	元片电容 0.022μF			16	正极性导线（11cm）	1
C_{12}	元片电容 0.047μF			17	负极性导线（9cm）	1
					负极性导线（7cm）	1
				18	扬声器导线（5cm）	2
				19	耳机至 C17 导线（9cm）	1
				20	电路图元件清单	1

（1）元器件准备。将所有元器件引脚上的漆膜、氧化膜清除干净，然后进行搪锡（如元件引脚未氧化则省去此项），根据图 4-31 和图 4-32 要求，将电阻、发光二极管弯脚。

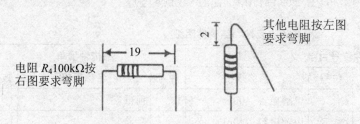

电阻 $R_4$100kΩ按右图要求弯脚

其他电阻按左图要求弯脚

图 4-31   电阻弯脚

图 4-30   二极管弯脚

（2）组合件准备。

1）将电位器拨盘装在 $R_\mathrm{p}50\mathrm{k}\Omega$ 电位器上，用 M1.7×4 螺钉固定。

2）将磁棒按图 4-33 套入天线线圈及磁棒支架。

（3）插件、装焊。

1）按照装配图正确插入元件，其高低、极性应符合图纸规定。

2）焊点要光滑，大小最好不要超出焊盘，不能有虚焊、搭焊、漏焊。

3）两只中周红（T_2）、黄（T_3）的位置不能安装错。

元器件焊接步骤为：①元片电容、电阻；②中周、电解电容、陶瓷滤波器；③装四联、天线线圈；④焊电位器；⑤电池夹、喇叭插孔连接线。

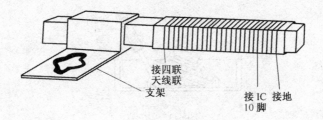

图 4-33　组合件

注意：每次焊接完一部分元件，均应检查一遍焊接质量及是否有错焊、漏焊，发现问题及时纠正。

（4）大件安装。

1）将四联安装在元件面，将天线组合件上的支架放在印制板焊接面的四联上，然后用 2 只 M2.5×5 螺钉固定，并将四联引脚超出电路板部分，弯脚后焊牢，安装时注意 AM、FM 联方向，如图 4-34 所示。

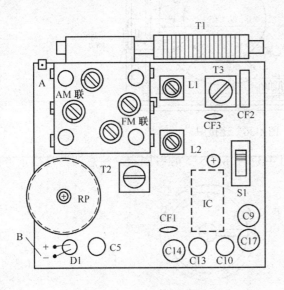

图 4-34　发光二极管的连接

2）中波天线线圈的焊接：线圈③端焊接于四联 AM 天线联，线圈①端焊接于四联中间接线点，线圈②端焊接于 IC 第 10 脚（AM RF IN），如图 4-33 所示。

3）将拉杆天线压簧片插入四联左边 A 点孔内并焊好。

4）将加工好的发光二极管按图 4-32 中 B 所示，从电路板正面插入孔内，待发光管的红色部分完全露出线路板时焊接。

（5）前框准备。

1）按图 4-35 所示将 YD57 喇叭安装于前框，用一字小螺丝批靠带钩固定脚左侧，利用突出的喇叭定位圆弧的内侧为支点，将其导入带钩压脚固定，是否用烙铁热铆三只固定脚视情况而定。

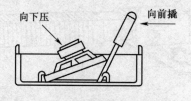

图 4-35　安装

2）按图 4-36 将 3.5 耳机插孔用螺母固定在机壳相应位置。

3）按图 4-36 插上正极片与负极弹簧，并将图中带箭头处焊牢。

4）按图 4-36 焊上相应导线，并接入印制板相应位置。

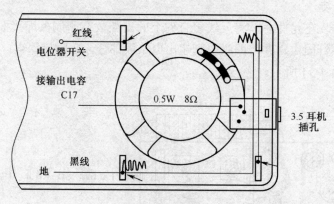

图 4-36　连接图

5）调谐盘安装在四联轴上，如图 4-37 用 M2.5×5 螺钉固定，注意调谐盘指示方向。

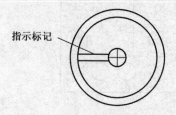

图 4-37　调谐盘

6）将拎带套在前框内。

7）将周率板反面双面胶保护纸去掉，然后贴于前框，注意要贴装到位，并撕去周率板正面保护膜。

（6）后盖准备。将拉杆天线用 M2.5×5 螺钉固定于后盖上，如图 4-38 所示。

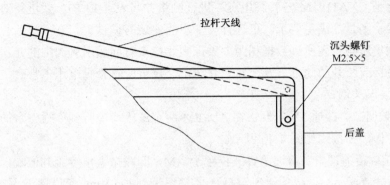

图 4-38　固定螺钉

（7）试听。将电路板与前框相应连线接好，接通 3V 电源，正常情况下应能收到本地 AM/FM 电台。

（8）机芯安装。

1）将组装完毕的机芯按照图 4-39 装入前框，一定要到位。

2）用自攻锣钉 M2.5 将电路板固定于机壳。

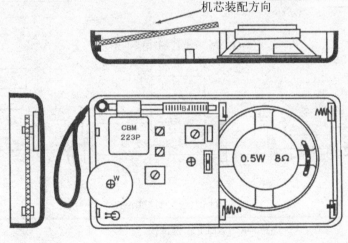

图 4-39　装放前框

4.4.4　测量与调试

1. 所需仪器

①稳压电源 3V（300mA）　　1 台　　②AM 调幅高频信号发生器　　1 台
③FM 高频信号发生器　　1 台　　④示波器　　1 台

| ⑤毫伏表 | 1 台 | ⑥环形天线 | 1 只 |
| ⑦无感螺丝批 | 1 支 | ⑧万用表 | 1 只 |

2. 工作电压测量

在收音机装配和焊接完成之后，需要检查其是否有问题，这时需要用万用表对整机工作电压（主要是 CXA1191M 各管脚电压）进行测量并与表 4-13 的参数进行对比，数值大致相符，即表示测量能满足要求，可进行一下步的安装与调试。

如果所测电压与上表所列数据相距太大，则要检查有问题引脚周围的元器件和印刷电路板是否有短接或断开的地方，发现问题并纠正，直至所有管脚电压正常。

3. 仪器接线及调试

（1）中频调试。接通 3V 电源，在 AM/FM 两个波段均能听到广播电台的声音后，即可进行调试工作，其接线如图 4-40 所示。

1）AM 频率覆盖调整。将波段开关位置于 AM，四联微调电容旋到低端，高频信号发生器的调制方式置于 AM，载频调到 465kHz，输出调到 10mV/m，调制频率致 1000Hz，调制度为 30%，收到信号示波器上应显示 1000Hz 的波形，用无感螺丝批调节 T_3（黄）中周使输出最大，465kHz 中频即调好。

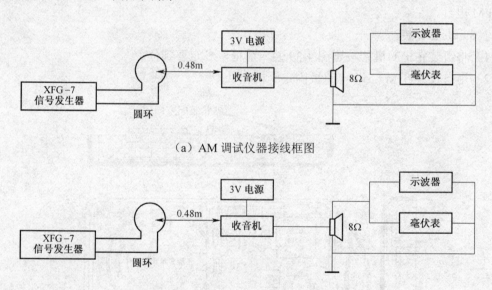

（a）AM 调试仪器接线框图

（b）FM 调试仪器接线框图

图 4-40　AM/FM 调试仪器接线框图

2）FM 中频率为 10.7MHz，因本机使用了 2 只 10.7MHz 陶瓷滤波器，使 FM 中频无须调试。

（2）覆盖及统调调试。

1）将波段开关置于 AM，高频信号发生器的调制方式置于 AM，载频调到 520kHz 输出场强为 5mV/m，调制频率为 1000Hz，调制度为 30%，四联调制低端，用无感应螺丝批 T_2（红）振荡线圈，收到信号后，再将四联旋至最高端，高频信号发生器的载频调 1620kHz，调 AM 振荡联微调电容 C_{o4}，使声音输出最大。

2）将信号发生器载频调至 600kHz，输出场强为 5mV/m；调节收音机调谐旋转钮，收到 600kHz 信号后，调节中波磁棒线圈位置，使输出最大为止，然后将载频调至 1400kHz，调节收音机，直到收到 1400kHz 信号后，调节双四联微调 C_{o1}，使输出为最大，反复调节 600kHz 和 1400kHz 直至二点输出均为最大为止．用蜡将线圈封固。

3）收音机波段开关置于 FM，高频信号发生器调制方式置于 FM，调制度频偏 40km，载频调为 108MHz，输出幅度为 40μV 左右，信号由拉杆天线端输入，四联置高端，调节四联微调电容 C_{o2}，收到信号后再调 C_{o3} 使输出为最大，然后将四联电容旋至低端，载频调为 64MHz，输出幅度为 40μV 左右，调节 L_2 磁芯电感，收到信号后调 L_1 磁芯电感使输出最大，高端 108MHz 和低端 64MHz，重复以上步骤直至使输出最大为止。

（3）将后盖盖上，使拉杆天线与压簧片接触良好。

（4）装上两节 5 号电池，即可正常收听。

4.4.5　常规故障及排除方法

（1）无声。首先检查 IC 有无焊好，有无漏焊、搭焊、IC 的方向有无焊错，IC 引脚电容有无接好，电解电容正负极性有无焊反，IC 从 1～28 脚的引出脚所接元件是否正确，按原理图检查一遍，插孔是否接对。

（2）自激啸叫声检查。C_2 473、C_{16} 104 电容有无接牢。

（3）发光管不亮。发光二极管焊反或损坏。

（4）AM 串音。不管在哪个频率，始终有同一广播电台的信号，则为选择性差。可将 CF_2 465kHz 黄色陶瓷滤波器从电路板拆下，反向接入或调换新的。

（5）机振。音量开大时，喇叭中发出"呜呜"声，用耳机试听则没有。原因为 T_2、T_3、L_1、L_2 磁芯松动，随着喇叭音量开大时而产生共振。解决方法：用蜡封固磁芯，即可排除。

（6）AM/FM 开关失灵。检查开关是否良好，检查 C_7 是否完好或未焊牢，检查 IC 第 15 脚是否与开关、C_7 连接可靠或存在虚焊。

（7）AM 无声。检查天线线圈三根引出线是否有断线，与电路板相关焊点连接是否正确。检查振荡线圈 T_2（红）是否存在开路。用数字万用表测量其正常值 1～3 脚为 2.8Ω 左右，4～6 脚为 0.4Ω 左右。如偏差太大，则必须更换。

（8）FM 无声。线圈 L_1、L_2 是否焊接可靠；10.7MHz 二端鉴频器（CF_1）是否焊接不良；电阻 R_1 150Ω 是否焊接正确；10.7MHz 三端滤波器（CF_2）存在假焊。

参考文献

[1] 蔡忠法. 电子技术实验与课程设计. 浙江：浙江大学出版社，2003.

[2] 雷达萍著. 怎样看无线电电路图（新修订本）. 北京：人民邮电出版社，2004.